图像记忆
大脑喜欢你这样记

林少坤　著

内 容 提 要

高效记忆不是与生俱来的天赋，人人都可以通过科学练习提高自己的记忆力！本书作者是在全脑教育领域深耕多年的教育专家，她将自己的一线教学经验总结成这本"记忆秘籍"。本书从记忆法和思维导图两个角度来讲述高效记忆的秘诀，不仅通俗易懂地介绍了连锁法、故事法和定位法三种记忆方法以及思维导图这一思维工具，还给出了大量实践案例，手把手带领读者培养想象力、开发创造力、提升记忆力、完善逻辑力！如果你也想拥有"过目不忘"的本领，就赶紧翻开书练习吧！

图书在版编目（CIP）数据

图像记忆：大脑喜欢你这样记 / 林少坤著. 北京：中国纺织出版社有限公司，2024.9. --ISBN 978-7-5229-1886-0

Ⅰ．B842.3

中国国家版本馆CIP数据核字第2024ZC6519号

责任编辑：郝珊珊　　责任校对：王蕙莹　　责任印制：储志伟

中国纺织出版社有限公司出版发行
地址：北京市朝阳区百子湾东里A407号楼　邮政编码：100124
销售电话：010—67004422　传真：010—87155801
http://www.c-textilep.com
中国纺织出版社天猫旗舰店
官方微博 http://weibo.com/2119887771
鸿博睿特（天津）印刷科技有限公司印刷　各地新华书店经销
2024年9月第1版第1次印刷
开本：710×1000　1/16　印张：12.5
字数：176千字　定价：55.00元

凡购本书，如有缺页、倒页、脱页，由本社图书营销中心调换

推荐语

何 磊

世界记忆锦标赛全球总裁判长、中央电视台《挑战不可能》特邀嘉宾、世界记忆大师

此书包含了非常实用的学科记忆法和许多实例，对于学生的学习会有很大的帮助，不仅能够帮助学生提高记忆知识的效率，还能让学生获得思维模式的转变和提升。此书结合了作者多年来的学科教学经验，行文通俗易懂，实用性和可读性非常强。特别推荐希望在学习的道路上少走弯路的人阅读本书。

胡雪雁

特级记忆大师、2021年打破30分钟随机扑克世界纪录

初见少坤，是在中央电视台《挑战不可能》节目录制现场，我一下就被这个女孩热情、明朗的笑容吸引了。她像小太阳一般，抚慰了我们初上挑战舞台的忧虑。

接触得越多，越能感受到她的能量来自其自身超强的记忆力。记忆力是智商评判的要素之一，拥有好的记忆力绝对是一件令人羡慕的事情！所以大家一起学起来吧！这本书集实用与易懂于一体，适合每个想要提高记忆力的人。

周世懂

世界记忆大师、儿童组世界总冠军、《最强大脑》第九季优秀选手

记忆是学习的核心，是熟练运用知识的基础，而对于很多人来说，它更像一只拦路虎。相信少坤老师的这本书能使记忆成为你前行的助力，让你更加从容地面对学习和生活。

吴 俊
世界记忆锦标赛一级裁判、独角兽记忆法创始人、世界记忆大师教练

少坤老师是一位常年奋战在教学一线的世界记忆大师，她在本书中结合自身多年的教学经验总结出了非常多实用的记忆方法，而且用通俗易懂的语言表述了出来。少坤老师在书中也总结了许多记忆法规律，当你掌握了这些规律以后就会发现：记忆法如此简单，记忆力不是天生的，而是像肌肉一样，可以通过科学的方法训练来提高。

陈泽楠
世界记忆大师、亚洲记忆大师

少坤老师有着丰富的记忆法教学经验，擅长将记忆法运用于学生的学习中，帮助学生们解决记忆难题。本书浓缩了她多年来对于记忆方法实践以及教学的经验，书中案例丰富生动、易于理解。

李金诺
世界记忆大师、中央电视台《挑战不可能》节目选手、中国管理科学研究院优秀导师

本书先对记忆法的基础进行了详细的介绍，再讲解了连锁法、故事法、记忆宫殿这三大记忆法，然后针对各门学科更加细致地讲解了方法的应用，最后还教授了非常实用的思维导图。

黎 伦
世界记忆大师、中央电视台《挑战不可能》选手

一直看着林老师深耕在教学一线，培养了成百上千个记忆超群的孩子。这本书正是她的实战经验的浓缩，方法全面、案例丰富，是中小学生提高学习能力的宝典。

甘考源
首届亚太记忆公开赛总亚军、2017年世界记忆锦标赛总排名第8、国际特级记忆大师

林老师在书里分享了各种学科知识的记忆方法，包括史、地、政、生，还有英语、古诗等。如果你有记忆难的烦恼，就赶紧来阅读这本书吧。相信在看完整本书之后，你肯定会受益匪浅、收获满满。

推荐语

覃 雷
特级记忆大师、中央电视台《挑战不可能》第五季选手

作者在记忆行业深耕多年，本书是她耗时3年写出的一本实战性超强的记忆书，书里不仅有记忆古诗文的方法，还有记忆英语单词的方法，更有记忆初中生政史地、理化生等学科知识点的方法。方法是学出来的，能力是练出来的，相信你能一看就懂、一学就会、一用就灵。

王 辉
世界记忆大师、世界记忆锦标赛中国区首战中国第5

作者在记忆界摸爬滚打近六年，由实战记忆高手成为世界记忆大师，非常了解孩子学习的天性。她的因材施教远胜于千人一面的模式化教育，而这本书融入她多年的心血，涵盖了对中小学生所有的学科知识点的记忆方法。如果你能读懂这本书并掌握这些方法，你也将拥有"最强大脑"。

叶俊文
世界记忆大师、独角兽记忆法联合创始人

你知道吗？好记性不一定是天生的，但高效的记忆方法和超强的记忆能力，一定是可以通过后天训练掌握的。这本书是针对中小学生创作的，当你还在发愁为何知识总是记不住，当你还在焦虑为何知识总是忘得快时，你是否愿意停下脚步来寻找"学习上的优势"？也许这本书能够帮到你，它能帮你提升学习效率，能让你获得更多的成就感！

陈美云
中央电视台《挑战不可能》明星选手、世界特级记忆大师、2019年世界记忆巡回赛全球总冠军

林少坤老师的记忆教学经验非常丰富，且一直致力于深入研究实用记忆方法。本书详细阐述了人类大脑记忆的原理，以及针对不同记忆信息、不同学科设计的多种记忆方法，通俗易懂，无论是成年人还是学生，都能通过学习本书内容，告别死记硬背，轻松成为学习天才。

王泽旭

世界记忆大师、世界记忆锦标赛累计获得3金5银4铜、银鹰高智商俱乐部成员

从认识少坤的第一天开始，我就一直在见证她的成长。从默默无闻的助教成长为世界记忆大师，从没有名气的小白到登上《挑战不可能》的舞台，从普通的打工者蜕变成了今天的品牌创始人。这几年少坤一直在研究"记忆"，也一直在分享"记忆"，她无数的学生因她而改变。这本书浓缩了少坤最核心的技术经验，浅显易懂地教你如何在最短的时间成为"记忆高手"。

冯汝丽

世界记忆大师、亚洲记忆大师

这本书会打开你记忆的大门，让你不再恐惧记忆。林老师会在书中用通俗易懂的语言教会你记忆的方法。

蒙　轩

电视节目《高手在民间》特邀嘉宾、世界记忆大师、世界记忆锦标赛官方指定教练

看完林老师的书，我觉得有以下几点非常棒。首先，整本书很专业，林老师本身就是世界记忆大师，并且在一线教学多年，积累了大量经验。其次是系统，包含了各种实用的记忆方法，以及思维导图，能够覆盖到日常生活、工作和学生学习考试。最后，整本书非常接地气，所涉及的知识全部是从课本和考试中提取的记忆难点、痛点，并使用大量实例去讲解如何快速记忆。希望本书能够让各位读者在以后的记忆过程中，感受到原来记忆是一件简单且有趣的事情！

PREFACE 前言

  从事了教育行业五六年之久，这是让我改变最大、最多且印象最深刻的一段岁月。从 2017 年接触右脑记忆法开始到现在，我从一个记忆小白成为一个获得"世界记忆大师"终身荣誉称号的记忆大师，从羡慕《最强大脑》和《挑战不可能》的选手，到自己站上了《挑战不可能》节目的舞台，不仅见到了自己的偶像撒贝宁，还和自己的好朋友们同台竞技。我感到非常荣幸。

  我不知道被人问了多少次："你的记忆力这么好是天生的吗？老师你一定是天才，拥有这种天赋真好！"我也不止一次地回答："记忆力是靠刻意练习训练出来的，没有天生的超强大脑，只有科学的方法，只有愿意训练的人，只有愿意付出努力的人。"能从一个普普通通的路人变成身边人崇拜的对象，我至今都觉得这是一个梦。

  经历了这传奇的人生，我觉得所有的幸运都源于我选择相信自己的潜力，相信记忆法能给我带来奇迹。当然，记忆法也不负我心，给我带来了学习成绩、名声和自信心，所以我现在正在努力尝试把这种方法分享出来，不仅自己教学，也创办记忆机构，希望能够给更多的孩子带来奇迹。

  同学们，跟朋友相比，你们觉得自己的学习效率高吗？举个简单的例子，掌握了记忆秘诀的同学 1 分钟能背下一首古诗，而你需要多长时间？掌握了记忆秘诀的同学 6 分钟能背下 200 字左右的现代文，而你又需要多长时间？掌握了记忆秘诀的朋友两天能背下一学期要掌握的英语单词，而你又需要多长时间？……这都是我们机构的学生经过训练能够轻松达到的效果，当然不仅是上面说的内容，还有更多知识都能够运用记忆方法轻松记住……

可能你也能很快记住 20 个单词，但你尝试过一口气记 500 个单词吗？可能你也能 1 分钟记下一首古诗，但你尝试过连续一小时记 50 首古诗吗？……学会记忆法真的能一口气记下 50 首古诗，并且不会忘记。如果你的朋友像《最强大脑》的选手一样具备超强记忆能力，那你们之间的学习效率是不是就天差地别了？

我还想问一个问题：你觉得学习痛苦吗？如果痛苦，那么痛苦的根源是什么？是不是记了又忘、忘了又记，往复循环这个过程？其实，具备高效的学习能力对于我们每个人来说都是非常必要的。学习能力是与生俱来的，但高效学习能力绝不是天生就有的。

我认为学习是一半记忆、一半理解。有很多人说，我理解不就好了吗？我以前也这么认为，但在学习过程中，我发现老师上课讲的东西我没有不理解的，但是考试的时候总有各种问题。这首古诗的下一句是什么来着？这个单词拼对了吗？怎么感觉少个"o"？完全平方公式是什么？……

看到现在，你肯定想问：老师，你说的记忆秘诀到底是什么？那我就简单地介绍一下记忆的秘诀。其实，超级记忆＝想象力＋联结，提高记忆力的核心就是培养我们的想象力。后面我会用各种基础方法去一步一步教你运用这一公式。

现在我们简单地理解了记忆是什么，并且知道了记忆就是帮助我们去记住各种想要记住的东西，接下来，我会用一本书的内容，来教你一些人人都能学的科学记忆方法。经过训练之后，你也能拥有超强大脑，拥有人人羡慕的快速记忆能力。

体验到高效学习的重要性之后，你是会上瘾的！因为我已经上瘾了，并且越来越上瘾！你会发现背古诗文、现代文、英语单词、数字、词语、成语以及政治、历史、地理、生物等学科的知识怎么这么简单！有时遗忘了也能根据记忆线索回忆起来。你会发现：我做作业的速度怎么也这么快？我竟然比他们有更多的时间去打球、学钢琴、学舞蹈、学象棋，去做各种自己喜欢的事情，有更多的时间丰富自己，比别人跑得更快一步！

本书包含许多科学且简单易懂的记忆法秘诀。拿到书的你们，摩拳擦掌了吗？让我们从 0 到 1，找到记忆的逻辑，从了解"为何记不住"到"有什么方法记住"至"如何快速记住"，让我们快乐且快速地进入记忆课堂吧！

目录

第一章
记住为何困难

1.1　死记硬背 … 2
1.2　知识点分散 … 5
1.3　不重视复习规律 … 8

第二章
欲学好记忆法，先培养想象力

2.1　想象力在记忆力提升中的重要性 … 14
2.2　如何培养非逻辑出图能力 … 19

第三章
测试一下你的记忆能力

3.1　文字类 … 24
3.2　数字类 … 26
3.3　字母类 … 27
3.4　图形类 … 29

第四章
记忆与记忆法

4.1　记忆的含义及分类 … 36
4.2　记忆法的原则 … 40
4.3　三大记忆方法助你成学霸 … 42

第五章
连锁法和故事法

5.1　连锁法的定义和原则 … 44
5.2　故事法的定义和原则 … 46
5.3　运用连锁法和故事法时需要注意的问题 … 49

第六章
最强记忆法——记忆宫殿

6.1　数字定位 … 55
6.2　地点定位 … 67
6.3　题目定位 … 85
6.4　身体定位 … 90
6.5　万事万物定位 … 94
6.6　练习——用数字定位记忆长篇文言文 … 96

第七章
七种方法助你秒记单词

7.1　记单词的基础和原则 … 102
7.2　字母编码 … 104
7.3　拼音法 … 107
7.4　熟词拆分法 … 109
7.5　字母熟词拆分法 … 111
7.6　谐音法 … 113

7.7 形似归纳法 … 114

7.8 前后缀法 … 116

7.9 综合法 … 117

第八章
七大方法速记古诗词

8.1 记忆古诗词的原则和技巧 … 124

8.2 数字定位记古诗词 … 125

8.3 字母定位记古诗词 … 128

8.4 地点定位记古诗词 … 131

8.5 题目定位记古诗词 … 133

8.6 情景定位记古诗词 … 136

8.7 字头歌诀法记古诗词 … 138

8.8 画图法记古诗词 … 139

第九章
思维导图——最高效的学习工具

9.1 思维导图简介 … 146

9.2 画简单的思维导图 … 146

9.3 找关键词 … 151

9.4 对内容归纳整理 … 155

9.5 看看你画的思维导图合格了吗 … 157

第十章
巧记政史地、物化生等知识点

10.1 简记政治知识点 … 164

10.2 简记历史知识点 … 166

10.3 简记地理知识点 … 170

10.4 简记物理知识点 … 172

10.5 简记化学知识点 … 173

10.6 简记生物知识点 … 176

10.7 结业测试 … 178

后记 … 185

第一章 记住为何困难

CHAPTER 1

1.1 死记硬背

悲剧之父、古希腊诗人埃斯库罗斯说:"记忆是智慧之母。"

英国哲学家培根说:"世界上的一切知识,都只不过是记忆。"

俄国科学家谢切诺夫说:"记忆是'心灵的仓库',一切智慧的根源都在记忆。"

名人的话诠释了记忆的重要性,这份重要性在学习中也是毫不褪色的。可是,在学校里,老师只会教我们理解知识,却没有人教我们如何去记忆知识。我们从小就没有系统地学习过如何快速记住想要记住的知识点,所以许多人都有记忆困难的问题。我以前也是只会死记硬背,我总结了死记硬背会出现的弊端和一些解决方案。

死记硬背弊端重重

第一,重视看,轻视记。

对于知识点,有的学生总以为只要浏览,就能掌握。其实记忆的关键不是"浏览"而是"储存"。储存得好就忘不了,储存得不好就记不住。银行用户千千万万,为什么账目不会发生错误?是因为银行会给每个用户一个账号,相当于编号,只要根据编号去查询,便不会出现混乱。我们的记忆也是同样的道理,只要给需要记忆的东西一个"储存"账号,那么知识点便不会出现混乱,且更容易提取出来。

第二，看重传统，轻视创新。

传统教学重视知识的学习，就是简单地熟读并理解。所以很多人在学习中都有一个问题，就是喜欢读，一遍记不住那就读十遍。又或者有的人会去抄，抄一遍记不住那就抄十遍。除此之外，父母在监督孩子学习的过程中也会有这样的问题，看见孩子背不下来，就会让孩子读或抄。但这是解决不了问题的，这两种方法不仅浪费大量的时间，而且形成的记忆也不深刻。学生经常会感慨：中考或者高考考的都是平时熟悉的内容，为什么我们不能考满分？而老师也经常会好奇：中考或者高考的知识点都是讲过的，为什么考试的时候就是做不上来呢？可见，熟悉与理解并不是记忆，只不过是记忆的前提，因为理解就是当时理解了，过后却没有记住。所以，多花点时间去提高记忆的效率才是最关键的。

第三，看重天赋，轻视训练。

有的人看到《最强大脑》的选手记忆力那么好，就认为那是天赋，是与生俱来的。有的人认为自己的记忆力就是天生不好，就自暴自弃。但其实，作为记忆大师，我深知记忆力是可以通过后天的训练得来的，想象力也能在一次次的练习中得到成长，联结越深刻且越快则代表你的记忆速度越快。只要你不是有智力缺陷，那么用一些方法和技巧，再经过训练，记忆力都是可以得到大幅度提升的。

> **解决方案**
>
> 既要浏览，也要用心并用方法记；既要读（了解），也要理解，更要想办法提升记忆效率。天赋无法改变，但学习能力和记忆能力可以通过努力获得提升。

我给同学们归纳了几个克服死记硬背坏习惯的小技巧，希望能助你一臂之力：

第一，陌生变熟悉。

熟悉的东西或者熟悉的人我们不容易忘记，我们要学会通过联想将知识与熟悉的人或者熟悉的东西联系起来。

第二，无序变有序。

无序的知识难记，有序的知识易记。因为无序的知识缺乏条理，不利于我们去记。无序的知识并不像一个故事或者一篇作文一样，环环相扣、直击心灵，让我们意犹未尽。因此，我们要尽量给知识点标上特定的序号或者标记，让它们既容易提取，也容易记忆。

第三，抽象变形象。

形象的东西更容易让人记住。所以，在记忆的时候应尽量将抽象的知识点转化为形象的知识。如老子的名言：夫唯不争，故无尤。可把它转化为"夫人围着布风筝炒菜，因此身上没有油"，这样记是不是就简单轻松多了呢？

第四，乏味变韵味。

在记忆中，若是碰到抽象知识、公式、概念、原理等知识，我们会深感乏味。所以我们可以给知识增加趣味性。众所周知，《三字经》能流传千古，老少皆知，就是因为它很有韵味，朗朗上口。所以给知识增加一点趣味，增加一些韵味，可以提高我们的记忆效率。

每个人都是一支潜力股，不要让自己陷入思维定式，那会让我们的思维僵化，陷入功能固着，一定要打开思维，给思维安装上自由的翅膀。

同学们，除了上面我说的这四个解决死记硬背的小技巧外，你也要学会找到更适合自己的方法，并且坚信自己能做到！

1.2 知识点分散

如果知识点非常分散并且我们对知识点的了解不够深入，不了解知识点的大背景和发展脉络，那么是很难形成一个整体的知识脉络和记忆结构的。牛顿站在巨人的肩膀上，才发现了万有引力定律和牛顿第三定律。所以我们应该在老师讲完一个知识点之后，去思考前面学过的知识与目前所学的知识点之间的联系，用思维导图建构一个完整的知识系统，这样就能记得又快又准啦！

知识点分散的弊端

第一，缺少封闭性。

知识之间缺少封闭性，不利于培养学习兴趣。我们在听故事的时候都喜欢听完整的故事，例如，我们小时候会喜欢《西游记》，是因为《西游记》里的故事都是一个接一个的，每个都是完整的故事，所以我们会看得津津有味，还能轻松回想起来。同样地，我们在学习的时候也会追求知识的封闭性和完整性。如果知识点过于分散，我们刚接触这个知识点，还没消化，马上又进入下一个知识点，走马观花，那就相当于看了许多不完整的故事，东缺西漏，这会导致我们兴趣缺乏，满足不了我们对知识的这种心理诉求。

第二，缺少连续性。

知识之间缺少连续性，不利于我们对知识的内化。小时候，我们都喜欢看故事书，在看书的过程中，我们碰到不会的"词"或者不懂的"句"

时会先跳过,当看完一整本书的时候,会发现不会的字和句也就占那么百分之几,其意思也能猜个八九不离十,并不会影响我们的理解。

但我们的课本不一样,从了解到理解,从预习到复习,这中间需要个过程,这个过程充满了"实践和修正"。现实情况是,这个知识点还没消化,课本就已编排到下一个知识点,并且这两个知识点之间还没有什么联系。相当于刚接触这个,就又要接触下一个,还没把这个知识构建到知识网络里,就要接触新的知识,这会导致我们学得不扎实。

第三,存在间隔性。

知识之间存在间隔性,不利于我们精准提取已学过的知识。在新课程新理念的前提下,课堂教学结构发生了很大的变化,我们学习新知识必须从以前甚至十年前学过的知识里去提取,这也许对于成绩优秀的学生来说,是一个很好的锻炼和巩固知识的过程。但会使处于班级中等或者中下游的学生感到压抑,因为他们本来就是由于基础不好才会处于中等或者中下游,现在就会越来越跟不上节奏,同学之间的差距也会越拉越大……

> **解决方案**
>
> 若知识之间缺少封闭性,那我们就尽量让每一个知识点都成为一个完整的知识点。知识之间缺少连续性,那我们就把每一个知识点都吃透,把浮在知识表面的自己用力地拉下来,脚踏实地。知识点之间存在间隔,那我们就把基础一步步打好,等到后面要用的时候便可以游刃有余。

针对知识点分散,我给大家介绍几种非常有用的技巧,只要能把这些技巧学通学透,就能克服记忆分散知识点的困难。

第一,利用有效的学习工具"思维导图"。

思维导图又名心智导图，虽简单却高效，因为它运用图文并重的技巧，把各级主题关系用层级图表现出来，让主题关键词与图像、颜色等建立记忆链接。

我们现在来举个例子：归纳一下小数乘法这一单元的内容。如果你利用思维导图来归纳，是不是特别清晰明了呢？

其实，这只是思维导图运用中的冰山一角，连皮毛都算不上！如果你能掌握这种高效的学习工具，那怎么会找不到知识之间的链接，又怎么会让脑子里的知识点那么混乱呢？后面我会详细介绍如何画简单的思维导图，到时候你便能掌握画思维导图的方法！至于对内容的归纳整理能力，我会在训练中一步步帮你精进，到最后你也会拥有高效归纳整理的能力！以后要归纳总结一本书的时候、开会的时候、写作文的时候，甚至吵架需要组织逻辑关系的时候，都能用到这种能力。

知识点分散的问题主要来源于不会使用思维导图。思维导图能解决这个问题的半壁江山！

第二，把握知识点之间的内在联系。

在看书或者听课的时候，要注意正确理解和掌握一些概念、法则、公式、定理等，把握它们之间的内在联系。如果我们在学习某一内容或解某一题时碰到了困难，那么很有可能是因为与其有关的、以前的一些基本知识没有掌握好。因此，我们要查缺补漏，把知识的内在联系补充完整，找到问题并及时解决问题，这样才能让基础扎实，成绩才会有所提升。

只要能好好把握、运用这些小技巧，你拥有系统的学习体系指日可待！

1.3
不重视复习规律

德国心理学家艾宾浩斯研究发现，遗忘是在学习之后立即开始的，而且遗忘的进程并不是均匀的，最初遗忘速度很快，以后逐渐减慢。艾宾浩斯遗忘曲线如下：

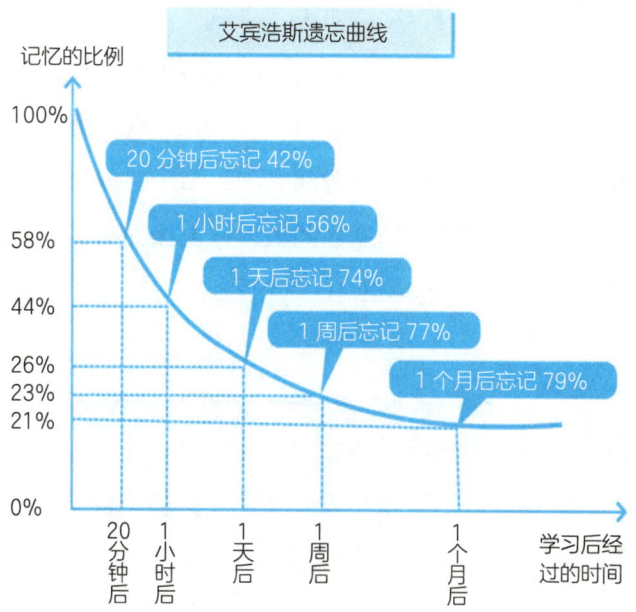

从曲线图中我们可以看出,遗忘是在学习之后立即开始的,在学习过去20分钟后便遗忘了42%,在学习过去1小时后便遗忘了56%,在学习过去1天后便遗忘74%,在1周后遗忘了77%,到1个月后就只能记住21%了。所以,学习过后如果不抓紧复习,那么随着时间的推移,你能记住的知识就会越来越少,直到只剩下20%左右。

做不到规律、科学复习的原因

第一,思想上不重视复习规律。

很多学生甚至家长都有一种心态,觉得课外辅导班的内容不重要,复不复习都不要紧。其实,这是一种错误的思想。我们的学习周期是特别漫长的,从3岁开始上幼儿园直到大学甚至研究生毕业,细数这年份,就算只到大学毕业也得20年左右。一开始就养成良好的复习习惯和学会系统的学习方法能让我们少走多少年的弯路?

第二，拖延症作怪。

有的同学明知道上完课回来复习有多重要，但回家后，一会儿上个厕所，一会儿喝点水，又是洗澡、吃饭、看电视，拖着拖着又要睡觉了……好了，完美地错过了最佳复习时间，到第二天，一拖再拖，忘得差不多了，又懊悔不已。有这种拖延症的人，就要比别人花更多的时间去复习，去回想之前老师讲过的知识点。

解决方案

（1）制订计划表

制订自己的学习计划表和复习计划表，并调配相应时间的闹铃。对于哪个时间做什么事、哪个时间完成哪项任务、哪个是规定的复习时间、哪个是完成某项作业的时间，有一个具体的规划，并把自己的规划表贴在书桌最显眼的地方，时刻提醒自己。

（2）改变认知

我们刚才也算过了，即使只算到大学本科毕业，最少也得学习20年。如果你能转变认知，明白科学复习的重要性，你就能为提高学习效率而尊重复习时间，当你体验到科学复习的效果后，你就会停不下来了。科学复习会成为你的信念，伴你一生。

（3）自我调节，拒绝拖延

拖延症的主要成因是人们过度沉迷于拖延带来的短暂快乐，或者是过度追求在最后期限前完成任务所带来的刺激，主要的解决办法是进行自我调节。治疗拖延症的最好办法是明确拖延带来的危害，即不仅使自己不快乐，还会导致父母天天催促，家里鸡飞狗跳。在明确其危害后，就要主动建立自己的忍耐力等级，明白及时完成任务的重要性。通过自身的意志力和自控力去约束自己的行为，积极行动，拒绝拖延。

既然我们发现了问题，就要积极解决问题。我们可以根据艾宾浩斯遗忘曲线去制订自己的黄金复习时间表，先转变思想再转变行为，拒绝拖延，马上行动。拖延是一种"病"，我们要离它远远的……

其实导致我们记忆困难的原因不止这三种，除了死记硬背、知识点分散无联结和不注重复习规律外，还有贪玩厌学、粗心大意、盲目学习、眼高手低、情绪波动大、上课走神、基础薄弱和思维呆板等问题。在上课的过程中，我发现每个学生都或多或少会有些问题，本章中介绍的三种是碰到的比较多、比较普遍的问题，所以我就着重讲了这三种问题。同学们，我们是最了解自己的人，所以我们一定要根据自己存在的问题，对症下药。

第二章

欲学好记忆法，先培养想象力

CHAPTER 2

爱因斯坦曾经说过:"想象力比知识更重要,因为知识是有限的,而想象力概括着世界上的一切并推动着进步。想象才是知识进化的源泉。"

作为一个多年从事记忆力教育的老师,我深知对学生想象力的培养在教育中有多重要!但我在上课的过程中经常会碰到一个问题:在培养想象力的过程中,父母们看不到孩子的变化,总是抓住成绩不放,也不想花时间去衡量或者测试孩子们的想象力是否得到了提升。

我的记忆力课堂基本分为三个阶段,一阶以培养想象力为主,让学生感受图像的视觉冲击;二阶以讲解方法原理为主,让学生进一步了解记忆的秘诀;三阶以实践运用为主,让学生更加深入去实践感知记忆秘诀。每个阶段都以图像为基础,只要能认真学习、出图到位、坚持训练,学生的想象力一定会比之前更好,非逻辑出图速度也一定会比之前更快。出图速度快了、训练的时间多了,才更可能拥有过目不忘的记忆能力,因为超级记忆=想象力+联结。

2.1
—— 想象力在记忆力提升中的重要性 ——

首先,我们要了解什么是想象力。在我的课堂中,想象力是指依据已有形象在头脑中创造出新形象的能力。简单来说,就是看到动漫里的奥特曼,能在脑海里创造出另外一个独特的奥特曼。想象是记忆法中的重要环节,接下来我们来试试利用想象力背一些简单的无规律数字。

比如，π中的某些随机数字（27位）。

3383279502884197169399375 10

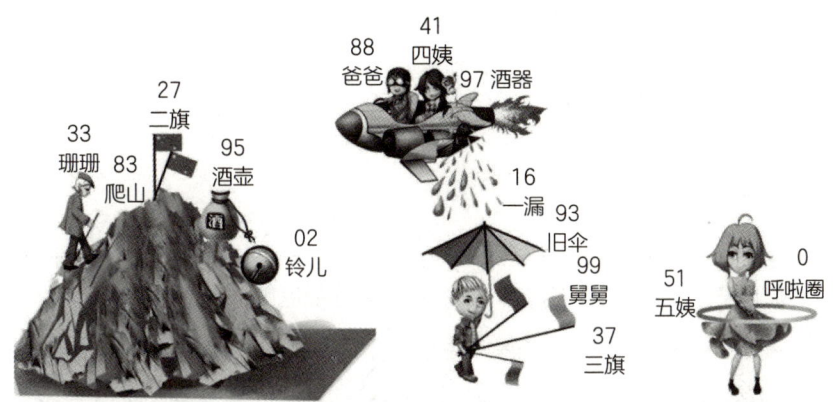

我们先来看一遍这几幅图，看完图后，请你马上眯上眼睛听我讲故事，我讲到哪个图像，你就想到哪个图像，让我们试着只想一遍就记住。

你的同桌名字叫珊珊，她特别喜欢爬山。每次爬到山顶，为了证明她来过，都要在山顶上插两杆旗。插完旗之后觉得太渴了，来到半山腰拿出一个酒壶，酒壶上还绑了个特别漂亮的铃儿。她把铃儿一甩，甩到了天上的爸爸和四姨。爸爸和四姨正开着瓶状的酒器，酒器里的酒一下子就漏到了旧伞上，旧伞底下是舅舅在撑着，舅舅左手拿了一把伞，右手还拿了三杆旗。舅舅把三杆旗送给了五姨，五姨当时在转呼啦圈。

怎么样，记住了没有？一起来试试！

同桌名字是＿＿＿＿，她喜欢＿＿＿＿，到山顶插＿＿＿＿，来到半山腰拿出一个＿＿＿＿，酒壶上绑着一个＿＿＿＿，铃儿甩到了＿＿＿＿，爸爸和四姨在开＿＿＿＿，酒器里的酒＿＿＿＿，旧伞底下是＿＿＿＿在撑着，舅舅把＿＿＿＿送给了＿＿＿＿，五姨在转＿＿＿＿。

是不是特别简单？你都记住了吗？如果都记住了，请赶紧鼓励一下

自己,并在心里默念:我太棒了吧,记忆力这么好!

让我们马上练习一下吧!请记住下列随机数字。

490381508431082940317597201837

试着把你想象的故事写出来吧!

_____

请把你回忆的数字写在下面。

_____

接下来,我们试试"看不见"的图像是否也能帮我们记住知识。

女王　电子　露水　空调　野牛　皮肤　紧肤水　午饭　大麦　龙眼　乐队　登记表　地铁　曲线　大白菜　水果刀　索尼　采矿　功夫　吸引

这里一共有20个词语,让我们再一次眯上眼睛游走在想象的世界里,尝试一遍就记住。

女王戴着电子手表去收集露水,把收集回来的露水倒进了空调里。在倒水的过程中,从空调里跑出来一头野牛。野牛皮肤光滑,我想它肯定是抹了紧肤水,抹得香香的来跟我共进午饭。吃完午饭,它和我到田里大麦(卖)了许多龙眼给乐队的人。乐队的人给我一张登记表,登记表上注明他们是坐地铁过来的,因为来的路都像曲线一样弯弯绕绕。他们还在路边买了大白菜和水果刀,然后送给我一个索尼牌的手机。我高兴地带着他们去采矿,并且带他们去看《功夫熊猫》这部电影,他们都被我幽默的细胞吸引了。

同学们,"看不见"的图像在脑子里形成的画面,你记住了没有?我们现在马上来检验一下:

_____戴着_____手表去收集_____,把收集回来的露水倒进了_____里。在倒水的过程中,从空调里跑出来一头_____。野牛_____光滑,我想它肯定是抹了_____,抹得香香的来跟我共进_____。吃完午饭,它和我到田里_____了许多_____给_____的人。乐队的人给我一张_____,登记表上注明他们是坐_____过来的,因为来的路都像_____一样弯弯绕绕。他们还在路边买了_____和_____,然后送给我一个_____牌的手机。我高兴地带着他们去_____,并且带他们去看《_____熊猫》这部电影,他们都被我幽默的细胞_____了。

同学们,你们记住了没有?如果记住了,就再给自己一个鼓励并在心里默念:我的记忆力可太好了!

同学们,接下来我们激活一下我们的大脑,看一下图像是不是真的能让我们印象深刻。我们来看一下将两个图像联系到一起会产生一幅怎样的画面,你们也可以先根据文字自己想象图像,再看我给出的图片。

冰激凌—云朵　　男人—螳螂　　房子—车子　　鞋子—车子

   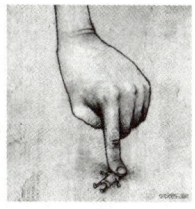

葱—橙子　　加菲猫—钟楼　　地球—人　　手—人

同学们,你们记住了没有?你们也可以试着在看完这些词语的联结和图像后,合上书本,请别人随意提问其中一个词语,比如:"男人"对应的是什么?你是不是能轻松回忆起"螳螂"呢?**我敢断言:解决了想象图像的问题,就能解决掉80%的记忆问题,剩下的无非就是联结的问题。**

怎样的图像才更容易让人记住呢?

①搞笑的。

②卡通的。

③夸张的。

④动图。

为了让同学们能够尽快解决想象力的问题，我总结了八个比较好的想象出图技巧，我将它们称为"八大要素"，接下来我们就来分别学习这些简单的出图小技巧吧！

夸张变形。在出图的时候，尽量想得夸张一些，因为越夸张、荒诞的事物越容易让人印象深刻。

色彩。同学们，我问你们一个问题，你们喜欢彩色电视还是喜欢黑白电视？毋庸置疑，我们都更喜欢彩色电视，因为色彩越丰富的内容，越容易让人记住。

节奏。记忆中有节奏的东西越多，节奏种类越丰富，越容易让人记住。

动感。尽可能地让我们的大脑动起来，动态的东西比静止的东西更容易让人记住。

感觉。记忆的时候，参与的感官越多，越容易让人记住，下面我们以榴梿为例。

A. 味觉：想象品尝到榴梿时的感受。

B. 听觉：想象敲击榴梿或者吃榴梿的声音，又或者听到该声音时的感受。

C. 嗅觉：想象榴梿具有的独特味道和自己闻到味道时的感受。

D. 触觉：想象手摸到榴梿或者被榴梿刺到的感受。

E. 观感：想象榴梿的样子给你的感受。

逻辑。要记忆，光靠想象是不够的，你还要把想象内容按照一定的逻辑进行整理，这样才能使杂乱无章的内容变得更方便记忆。

立体感。多维的、立体的联想内容比单纯的平面、二维的联想要容易记忆。

关己。故事或者产生的图像等如果跟自己有关，记忆会更深刻。

2.2
如何培养非逻辑出图能力

什么是非逻辑出图能力？我们平常学习的内容都是有逻辑、有联系的，课本中的文章，一般段落之间都是有联系的，所以我们在阅读中，很自然地就能想象出图像。但同学们，你们有没有遇到过这种问题：在看一个抽象的概念时，感到云里雾里，不知所云？那么我们如何运用图像来记忆抽象词汇或概念呢？比如：抽象，犹豫，时间。这三个词你该如何出图？是不是很困难呢？这就需要我们发挥想象力去强制性出图了，即**非逻辑出图＝强制性出图**。

下面，我举一些简单的非逻辑出图例子给你们看看：

生化＝生化武器、崇拜＝虫子在拜年、离子＝梨子、固体＝固体胶

现在你们明白非逻辑出图是什么意思了吗？就是要想尽办法打破逻辑关系的来源，天马行空地去转化图像。我总结了五种非逻辑出图的方法，我把它们称为我的五个小精灵。现在分享给你们，希望以后这五个小精灵能带领你们走进想象的大世界！

① **谐音**（跟原本你要转化的词读音相似）。

例子：元旦—圆蛋 　　　　悲剧—杯具

② 倒字（把要转化为图像的词倒过来，使它能够呈现出图像）。

例子：复习—媳妇　　　　雪白—白雪

③ 替换（把要转化的抽象词替换成与其相关的、容易出图像的词）。

例子：时间—闹钟　　　　文化—书本

④ 增减字（在抽象词的基础上，增加或者减少某些字，让这个词能够呈现出图像）。

例子：安全—安全带　　　　太阳能—太阳

⑤ 望文生义（从这个词的表面意思去发散联想，使这个抽象词能够呈现出图像）。

例子：危机—危险的飞机　　　　抽象—抽打大象

那接下来，我们小试牛刀，一起来试试！请你将下面这些抽象词转化为图像。

赶紧大胆尝试一下吧！把你想到的答案直接写在横线上。

重要　净化　道德　单元　刑法　克拉　在乎　影响　克隆　聪明

_____

你们写好了吗？写好了可以来参考一下我的想法。想象是没有固定答案的，也没有对错之分，我们的目的是让大脑能够出现图像。我转化的答案在下面，仅供大家参考：

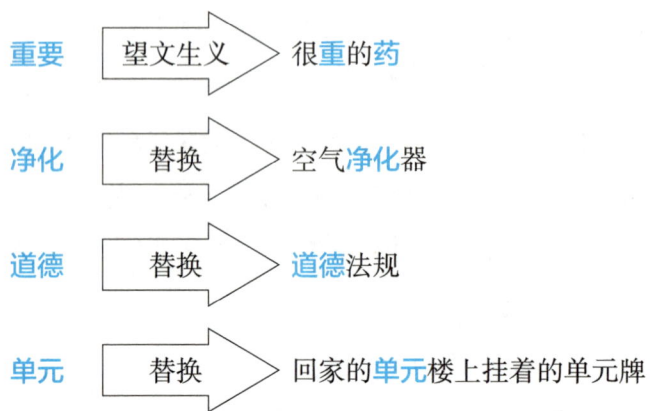

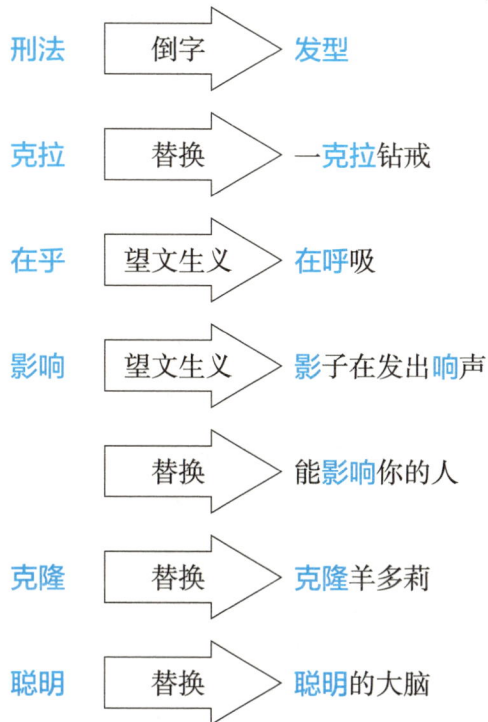

这些词经过处理后，都能在老师的大脑里呈现出图像，这就是非逻辑出图，就是使其强制出图，方便我们去记忆。我相信你们大脑中的图像也一定非常有趣。老师想看见天马行空的你们，接下来，请再次发挥想象力，来做个练习吧！

  魅力 媒介 力学 颗粒 刻意 理论 积累 天堂 法规 唤醒
  幻想 崇拜 希望 精神 概念 奋斗 难过 估价 精髓 状态

把答案写在横线上吧！让我也欣赏一下你们的想象力！

_____

_____

_____

  怎么样？写完答案有没有感觉自己想象力丰富且幽默感十足？请自己在家里多找一些词来练习，把非逻辑出图能力练好，为后期学习记忆方法打下坚实的基础！

第三章 测试一下你的记忆能力

CHAPTER 3

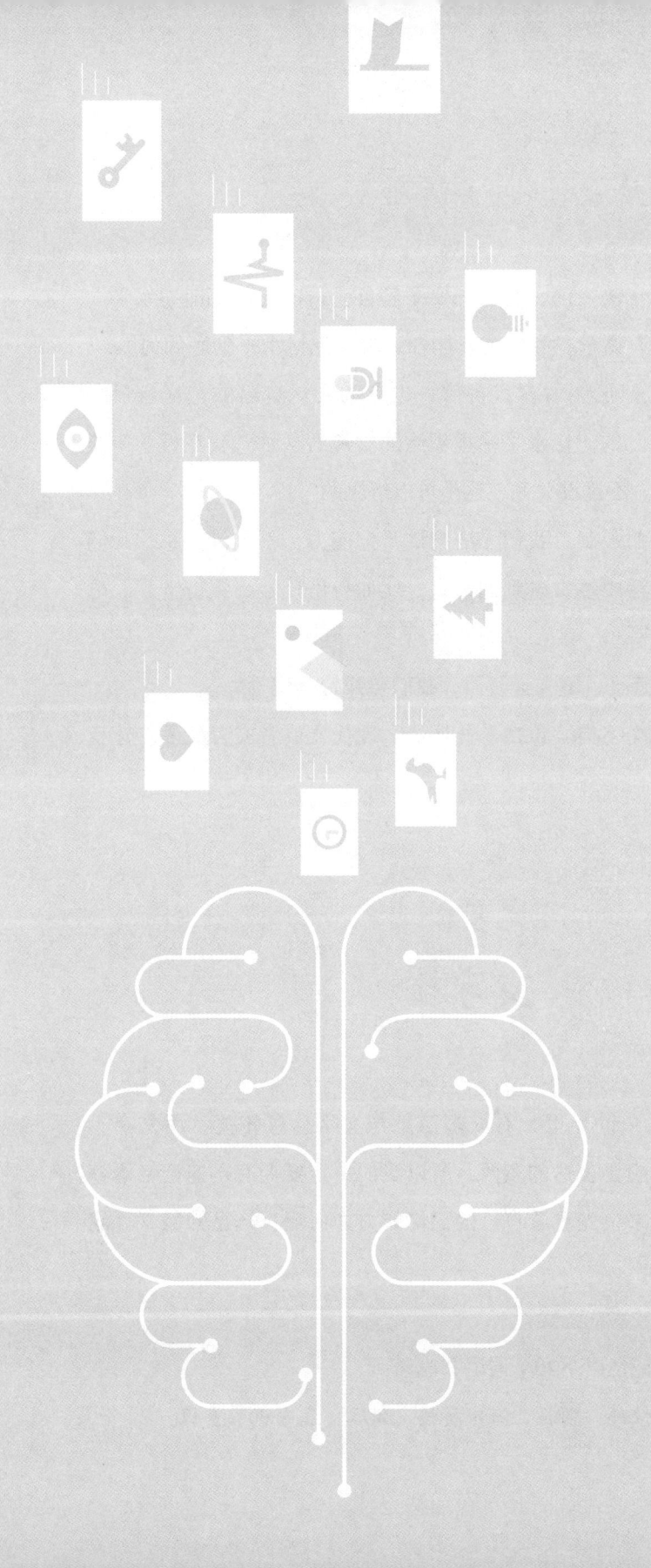

在开始学习记忆法之前,我们先要了解自己目前的记忆能力水平。没有经过测试,没有衡量,我们就不能知道自己记忆水平到底如何。

有的人对自己记忆能力盲目自信,也有的人对自己的记忆盲目自卑,还有的人对自己的记忆水平稀里糊涂的。最后这种人我在教学中碰到的实在是太多了。不过没关系,这是可以解决的。

由于文本形式的限制,我们无法测试听记能力,不过没关系,我们就测试一些日常生活中经常碰到的信息,比如身份证号、银行卡号、电话号码、购物清单等。

同学们,准备好纸、笔和计时器,我们要开始了!

第一类测试是文字类,包括一些词语、现代文或者文言文等。让我们开始吧!

3.1 文字类

我们生活的这个世界里,有太多信息与文字息息相关,用文字、语言能够表达大量想要表达的东西,所以我们一定要拥有迅速记忆语言文字的能力!接下来,先看看自己的记忆能力如何吧!知己知彼,百战不殆!

第一项,词语或者成语类。

用最短的时间记忆以下20个词语和成语:

法规　理论　崇拜　颗粒　海市蜃楼　甜瓜　发电机　重视

第三章
测试一下你的记忆能力

大白菜　国本　人工色素　休息厅　破天荒　品质　智慧
温和　芦笋　死火山　程序员　猫咪

记忆时间：_____

第二项，文章类。

用最短时间记忆以下现代文：

皮鞋匠静静地听着。他好像面对着大海，月亮正从水天相接的地方升起来。微波粼粼的海面上，霎时间洒遍了银光。月亮越升越高，穿过一缕一缕轻纱似的微云。忽然，海面上刮起了大风，卷起了巨浪。被月光照得雪亮的浪花，一个连一个朝着岸边涌过来……皮鞋匠看看妹妹，月光正照在她那恬静的脸上，照着她睁得大大的眼睛。她仿佛也看到了，看到了她从来没有看到过的景象，月光照耀下的波涛汹涌的大海。❶

记忆时间：_____

用最短的时间记忆以下文言文《周处改过自新》：

周处年少时，凶强侠气，为乡里所患。又义兴水中有蛟，山中有白额虎，并皆暴犯百姓。义兴人谓为三横，而处尤剧。或说处杀虎斩蛟，实冀三横唯余其一。

处即刺杀虎，又入水击蛟。蛟或浮或没，行数十里，处与之俱。经三日三夜，乡里皆谓已死，更相庆。竟杀蛟而出，闻里人相庆，始知为人情所患，有自改意。

记忆时间：_____

一般情况下，20个词语参考的记忆时间是3分钟，500~600字的现代文的参考记忆时间是15分钟，400字的文言文的参考记忆时间也是15分钟。你们可以对照评判自己的记忆力是好还是不好。

如果你们能认真看完这本书并且能够把练习做完，都可以达到这

---

❶ 引自文章《月光曲》。

种水平。加油,同学们!老师希望看到你们的蜕变!看完书并认真练习的小伙伴,你们一定能够看见自己记忆力的进步,也能够看到自己专注力、思维力、想象力各方面的提升!

好的,接下来我们就进行数字记忆能力的测试!

3.2 数字类

数字跟我们的生活也是息息相关的,小到车次、快递取件码,大到电话号码、身份证号、银行卡号等,记忆数字的能力我们也是要有的。记忆数字相对来说也不是特别难的事情,只要你不是追求像记忆大师记得那么快,那就不是什么难事!来吧,我们直接进入测试!

第一项,纯数字测试。

用最短的时间记忆以下40个数字:

2099406516088143769063915072046294206463

记忆时间:_____

第二项,记忆虚拟历史事件。

1459年　　家长外出务工超5年

2078年　　吃玉米要注意防止被卡

1167年　　学生借钱吃饭

2098年　　海南全省133万人受灾

1622年　　保姆向雇主要3倍加班工资

1348年　　大奖得主应缴税5160万

1427年　　多条河流超警戒线

1533年　莱德杯太太团争奇斗艳

1556年　高速路因大雾通行受阻

1878年　问题肉被销毁

1470年　植物园植物种类繁多

1111年　暴雨致琼海市区全被淹没

1133年　男童爬树摘野果吃

2054年　海口进行炸坝泄洪

1223年　水库出现溃坝危险

记忆时间：_____

以上这些都是虚拟的历史事件，不然有些同学历史学得很好，就测试不出其真实的水平了！

一般情况下，能在5分钟以内记忆40个随机数字，就算记忆力还不错了。而这里给出来的历史事件，如果你能在2分钟内全部记下来，包括时间和事件的话，说明你的记忆力还是不错的；但要是10分钟都记不下来，那就要提升一下自己的记忆能力了。

好的，那接下来我们进入下一项测试啦！

3.3 字母类

大家对26个字母都非常熟悉，这是我们学习英语的关键和基础。因为简单的字母构成了一个个英语单词，而一个完整的英语句子又是由英语单词组成的。

如何能够以更快的速度记英语单词？我们都知道，小学生需要掌握1200个左右英语单词，初中生需要熟练掌握2500个左右，高中生需要掌握3500个以上，大学四级4000个以上，考研就要记最少5500个英语单词。所以，我们要学会记忆单词的方法，一味地死记硬背不仅耗费时间，还容易背了忘，忘了又背……

第一项，字母组合训练。

el sw fe tr ri bl sc ry ke sion sl bi rt sk tu re re ot sk st

记忆时间：_____

第二项，速记单词。（记录能根据中文意思完整拼写出单词的时间。）

ambiguous　模棱两可的，模糊的

authentic　可靠的，可信的

confidential　机密的，秘密的

energetic　精力充沛的

extinct　灭绝的，绝种的

shrewd　精明的

subtle　微妙的，精巧的，细微的

greasy　油腻的

incredible　难以置信的

intent　专心的，专注的

记忆时间：_____

第三项，记忆英语文章。

Man's dearest possession is life. It is given to him but once, and he must live it so as to feel no torturing regrets for wasted years, never know the burning shame of a mean and petty past; so live that, dying, he might say: all my life, all my strength were given to the finest cause in all the world—the fight for the liberation of mankind!

记忆时间：_____

如果刚才测试的字母记忆时间在5分钟以内，那你的记忆力还是可以

的，当然时间越短，记忆力就越好；但是如果时间多于10分钟，那你就要提升一下记忆力了。

英语单词的记忆速度应当为一分钟左右一个，所以如果你刚才记完所有单词的用时在10分钟左右，那说明你的记忆力还可以；如果在10分钟以内，那你的记忆力就比较优秀了；但是如果超出15分钟，那你就真的要想办法提升一下记忆力了——当然是认真看接下来书中提到的记忆单词的方法了。

上面的这段英语短文，记忆时间在10分钟左右，那说明你的记忆力很不错！不然就要认真看书，学习方法，改进记忆方法，加快记忆速度了！

其实，无论成绩好坏都没有关系，因为接下来学了方法之后，你就能看到自己记忆速度的蜕变。任何时候我们都要明白，只要有进步，只要记忆速度快了，那么我们就是在前进！

3.4 图形类

接下来我们进行图形类的记忆测试。图形是生活中随处可见的东西。比如去迪士尼，看到的唐老鸭、绿巨人等就属于图形。我们看到的人脸其实也是图形，还有我们学习当中碰到的地图、古诗图……

我们脑子里储存的图像越多，我们的想象力就会越好，创造力也就越好，所以我们一定要提升自己的图像记忆能力！

好的，那接下来我们直接进行测试吧！

图像记忆
大脑喜欢你这样记

第一项，记忆恐龙名称。

| 斑比盗龙 | 迷惑龙 | 剑角龙 | 似鳄龙 |

| 霸王龙 | 美丽龙 | 三角龙 | 敏捷龙 |

| 剑龙 | 鹦鹉嘴龙 | 多智龙 | 康纳龙 |

把答案写在图形下面：

____ ____ ____ ____

____ ____ ____ ____

____ ____ ____ ____

记忆时间：_____

第二项，记忆各种实物。

把答案写在下面：

第一行：_____ _____ _____ _____

第二行：_____ _____ _____ _____

第三行：_____ _____ _____ _____

第四行：_____ _____ _____ _____

记忆时间：_____

第三项，根据特征记住以下狗的品种。

哈士奇 　　　　　　藏獒 　　　　　　贵宾犬

图像记忆
大脑喜欢你这样记

松狮 　　　　　吉娃娃 　　　　　秋田犬 　　　　　蝴蝶犬

博美犬 　　　　卷毛比雄犬 　　　阿富汗猎犬

把答案写在图形下面：

_____　　　_____　　　_____

_____　　_____　　_____　　_____

32

记忆时间：_____

第一项、第二项、第三项的记忆时间如果都能控制在5分钟以内，那同学们的记忆力还是很好的，但是要达到精准记忆哟！

经过本章的测试，我们大致了解了自己的记忆水平。接下来，请大家认真阅读这本书，努力提升自己的记忆水平，让自己的学习变得轻松简单吧！

接下来，我们就一起进入神圣的记忆殿堂吧！

第四章 记忆与记忆法

CHAPTER 4

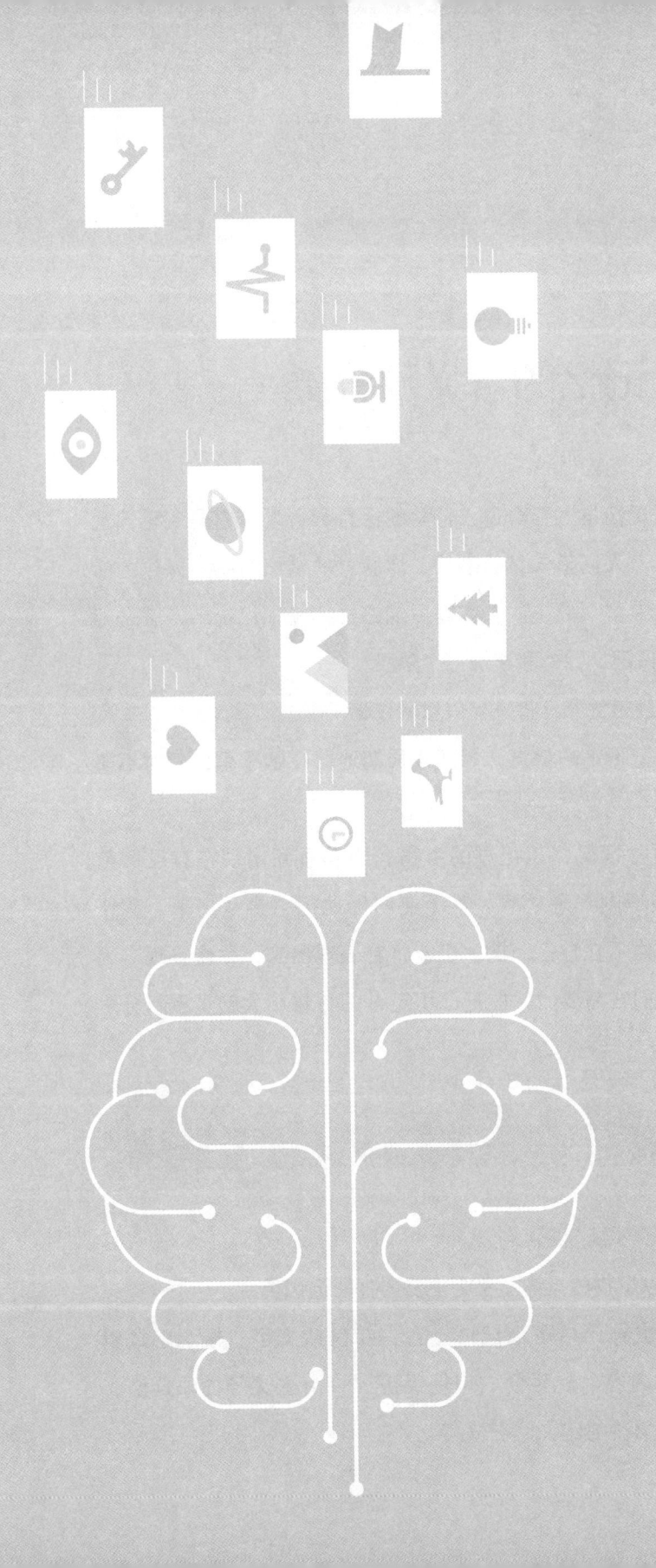

4.1 记忆的含义及分类

什么是记忆？记忆是人脑对过去经验的保持和再现。它是比感知觉更复杂的心理现象。人们感知过的事物、体验过的情绪情感、做过的活动及动作等在头脑中留下痕迹，并在以后能够再认或回忆出来，就是记忆。记忆一般分为识记、保持和重现三个阶段。

识记，就是通过感觉器官将外界信息留在脑子里。

保持，是将识记下来的信息，短期或长期地留在脑子里，暂时不遗忘或者许久不遗忘。

重现，包括两种情况，识记过的事物，当其重新出现在自己面前时，有一种似曾相识的熟悉之感，甚至能明确地把它辨认出来，称作再认；识记过的事物不在自己面前，仍能将它表现出来，称作再现。因此，重现就是指人们在需要时，能把已识记过的材料从大脑里重新分辨并提取出来的过程。

记忆的分类

第一，根据记忆内容的变化划分。

- 形象记忆是以事物的具体形象为主要内容的记忆类型。
- 抽象记忆，也称词语逻辑记忆。它主要包括文字、概念、逻辑关系等抽象的记忆内容，如哲学、市场经济、自由主义等抽象词语，理论性文章，一些学科的定义、公式等。

· **情绪记忆**，情绪、情感是指人对客观事物是否符合自己的需要而产生的态度体验。这种体验是深刻的、自发的、情不自禁的。所以情绪记忆的内容可以深刻而牢固地保持在大脑中。

· **动作记忆**，动作记忆是以各种动作、姿势、习惯和技能为主的记忆。动作记忆是培养各种技能的基础。

第二，根据感官感觉划分。

· **视觉记忆**是指视觉感知在记忆过程中起主导作用的记忆类型。视觉记忆的主要内容是对形状和颜色的记忆。

· **听觉记忆**是指听觉感知在记忆过程中起主导地位的记忆类型。

· **嗅觉记忆**是指嗅觉感知在记忆过程中起主导地位的记忆类型。

· **味觉记忆**是指味觉感知在记忆过程中起主导地位的记忆类型。

· **触觉记忆**是指触觉感知在记忆过程中起主导地位的记忆类型。

· **混合记忆**是指两种以上（包括两种）感知器官在记忆过程中同时起主导作用的记忆类型。

第三，根据信息在大脑中保持时间的长短划分。

科学家们以信息论为理论基础，根据记忆过程中信息保持的时间长短不同，将记忆分为瞬时记忆、短时记忆和长时记忆三个阶段。

· **瞬时记忆**也称"感觉记忆"，保持时间通常是1秒左右，即刚刚感觉到所注意的信息。瞬时记忆保存时间极短，大量被注意到的信息很容易消失。

· **短时记忆**是指在一段较短的时间内储存少量信息的记忆系统，其特点是：

（a）编码虽有视觉的、听觉的和语义的多种形式，但以言语听觉编码为主。

（b）容量有限，一般为5~9个组块。

（c）保存时间短暂，如果信息得不到及时复述，大概只能保持

15~20秒。

（d）短时记忆的提取方式是完全系列扫描的。

·**长时记忆**是指存储时间在1分钟以上的记忆，一般能保持多年甚至终生。它的信息主要来自短时记忆阶段被复述的内容，也有由于印象深刻一次形成的内容。长时记忆的容量似乎是无限的，它的信息是以有组织的状态被贮存起来的。

记忆有多种分类，根据内容的变化分类有：形象记忆、抽象记忆、情绪记忆和动作记忆。根据感官分类有：视觉记忆、听觉记忆、嗅觉记忆、味觉记忆、触觉记忆和混合记忆。根据记忆保持时间长短分为：瞬时记忆、短时记忆、长时记忆。但不管是哪种记忆，最终我们都需要达到一种目的——**"记住"。因为记住才是最重要的，只有能够达到再认并呈现出来才是最重要的。**

我们想要实现快速记忆，就要了解大脑结构，明白大脑是如何工作的。美国心理生物学家斯佩里博士通过著名的割裂脑实验，证实了大脑的不对称性，提出了"左右脑分工理论"，并因此荣获1981年诺贝尔生理学或医学奖。正常人的大脑有两个半球，由胼胝体连接沟通，构成一个完整的统一体。在正常的情况下，大脑是作为一个整体来工作的，来自外界的信息可经胼胝体在左右半球间传递，两个半球的信息可在瞬间进行交流，人的每种活动都是两半球信息交换和综合的结果。大脑两半球在机能上有分工，左半球感受并偏重管理右边的身体，右半球感受并偏重管理左边的身体。

左右脑分工大致如下：

左脑：主管逻辑、语言、数学、文字、推理、分析。

右脑：主管图画、音乐、韵律、情感、想象、创造。

人的左脑主要偏重逻辑思维，右脑主要偏重形象思维，是创造力的源泉，是艺术和经验学习的中枢。深入挖掘左右两半球的智能区是非常

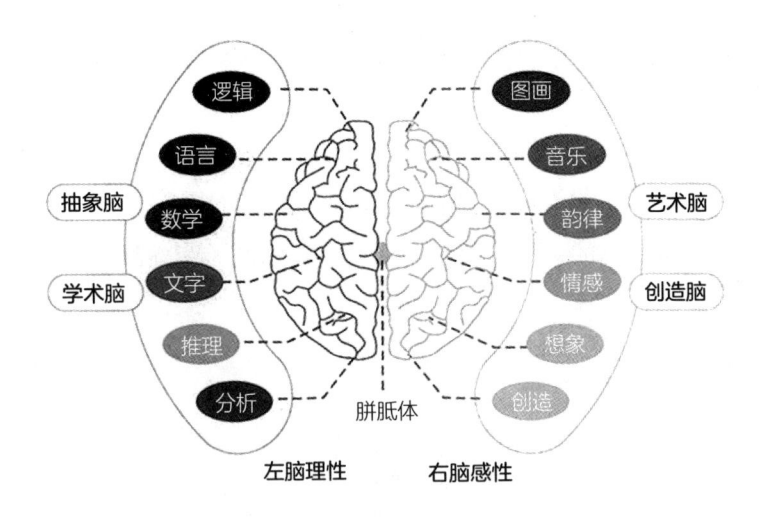

```
        逻辑                    图画
        语言                    音乐
抽象脑   数学                   韵律   艺术脑
        文字                    情感
学术脑   推理                   想象   创造脑
        分析                    创造
              胼胝体
      左脑理性    右脑感性
```

重要的，而大脑潜能的开发重点是右脑。

　　了解了我们的左右脑分工，明白了左脑是抽象脑和学术脑，而右脑是艺术脑和创造脑，你可能又会问了，知道左右脑分工有什么用呢？它能帮我记住知识吗？你可还记得第二章的时候，我是如何教你背数字和词语的？你可还记得爱因斯坦曾说"想象力比知识更重要"？

　　理解了左右脑的分工，我们就要学会利用左右脑天生的优势去处理我们日常需要记忆的东西。右脑处理图像的速度比左脑处理文字、语言的速度要快得多，而使用图像来记忆能明显提高记忆效率。

　　什么？你说不信？那我们来回顾一下前面的例子，用编故事、脑子里出图像的形式，我们很轻松地记住了数字串和词语串，对不对？试想一下，在没有图像的情况下，记忆情况是否还会这么理想呢？

　　其实我们都了解自己真正的记忆水平，如果不利用出图的方法，有可能很久都背不下来。你看那些能背下来圆周率后五万位的人，他们如果不用记忆方法，又得背到何时？其实，所有需要记忆的信息都可以通过转化为图像的方式被迅速记住。学习是一半理解一半记忆，解决了记忆问题，就解决了学习的半壁江山！而解决记忆问题的根本就在于解决转化出图能力。

你可能会问：转化为图像之后，就能达到永久性记忆了吗？并不是，转化为图像能使你的记忆速度比之前提升七倍及以上，但是不管是哪种记忆，都是需要遵循艾宾浩斯遗忘曲线的，注重科学规律地复习，才能达到事半功倍的效果！简单来说就是：右脑→图像联结→规律复习→永久性记忆。

4.2 记忆法的原则

记忆法的定义是什么？简单地从表面意思来看，就是记忆的方法。运用记忆法，就是通过人为努力，运用各种技巧对要记忆的知识进行加工，使其方便我们记忆或者加快我们的记忆速度。记忆的方法我将在下一节进行详细介绍。俗话说，"没有规矩不成方圆"，我们学记忆法也是一样的，必须遵循记忆法的原则，那样才能事半功倍。首先，我们要了解记忆法的原则是什么。

第一，信息图像化。

什么是信息图像化？简单来说，就是将你要记忆的信息转化为图像。要记忆的信息可能是形象的也可能是抽象的，我们在记忆转化的过程中难免会遇到一些实在不知道该如何转化的信息或者知识点，这时候就要用到我们前面学过的五个小精灵和八大要素了。这些出图的技巧我前面都已经介绍过了，请同学们多多练习应用吧！

第二，想象串联。

将你要记忆的东西联结起来。就是在第一步完成的基础上，再用各种方法把图像联结起来。在后文中，我会详细介绍联结的三大方法。

第三，以熟记新。

以熟记新，简单来说就是用熟悉的东西去记忆陌生的东西。比如，新生入学，同学们自我介绍。突然，你听见小兰同学跟你住在同一个小区，你是不是瞬间就记住了小兰和她所在的小区？这是为什么呢？这是因为小兰在你熟悉的小区，所以，用你所熟悉的小区去记住陌生的同学小兰就很容易了。用熟悉的东西去记忆陌生的东西在任何时候都适用。

了解和掌握记忆的定义和记忆主要遵循的原则，如何能在此基础上使记忆更加高效呢？那就要加快记忆速度了，记忆效率高不高，就看记忆速度快不快。接下来我们研究一下什么是快速记忆！

快速记忆的标准是：快、牢、准、多、乐。

①**记得快。**

②**记得牢。**

③**记得准。**

④**记得多。**

⑤**记得快乐。**

快速记忆需要具备的全脑体系：**一个中心，两个基本，三大方法，四个步骤，五种能力。**

一个中心是：**学得开心快乐。**

两个基本是：**学得高效、坚持到底。**

三大方法是：**连锁法、故事法、定位法。**

四个步骤是：**通读、提取、联结、复习。**

五种能力是：**想象力、记忆力、专注力、思维力、创造力。**

在了解了这些原理之后，如果坚持练习，那你离成为记忆大师的目标也就越来越近了。

4.3 三大记忆方法助你成学霸

第一，连锁法。

其实连锁法就跟下图所示的锁链是一样的，环环相扣。下一章我们会详细介绍这一方法并增加一些训练。

第二，故事法。

故事法其实大家都会，特别是孩子们，想象力都特别丰富，所以用起来是非常轻松的。

在信息量比较少的情况下，我们是能够迅速将它们编成故事并记住的；而如果碰到要记的信息量很大的情况，就需要用到定位法了，俗称"记忆宫殿"。

第三，定位法。

我会用一章详细地去讲解定位法。记忆宫殿是记忆法当中的主菜，连锁法和故事法只相当于配菜。

我会用两章去介绍这三大方法，并会配上一些例子来帮助大家掌握。大家跟随本书学习并练习，学会三大方法并加以实践，记忆能力很快就能有所提升！接下来，让我们一同怀着激动、好奇的心打开记忆的大门吧！

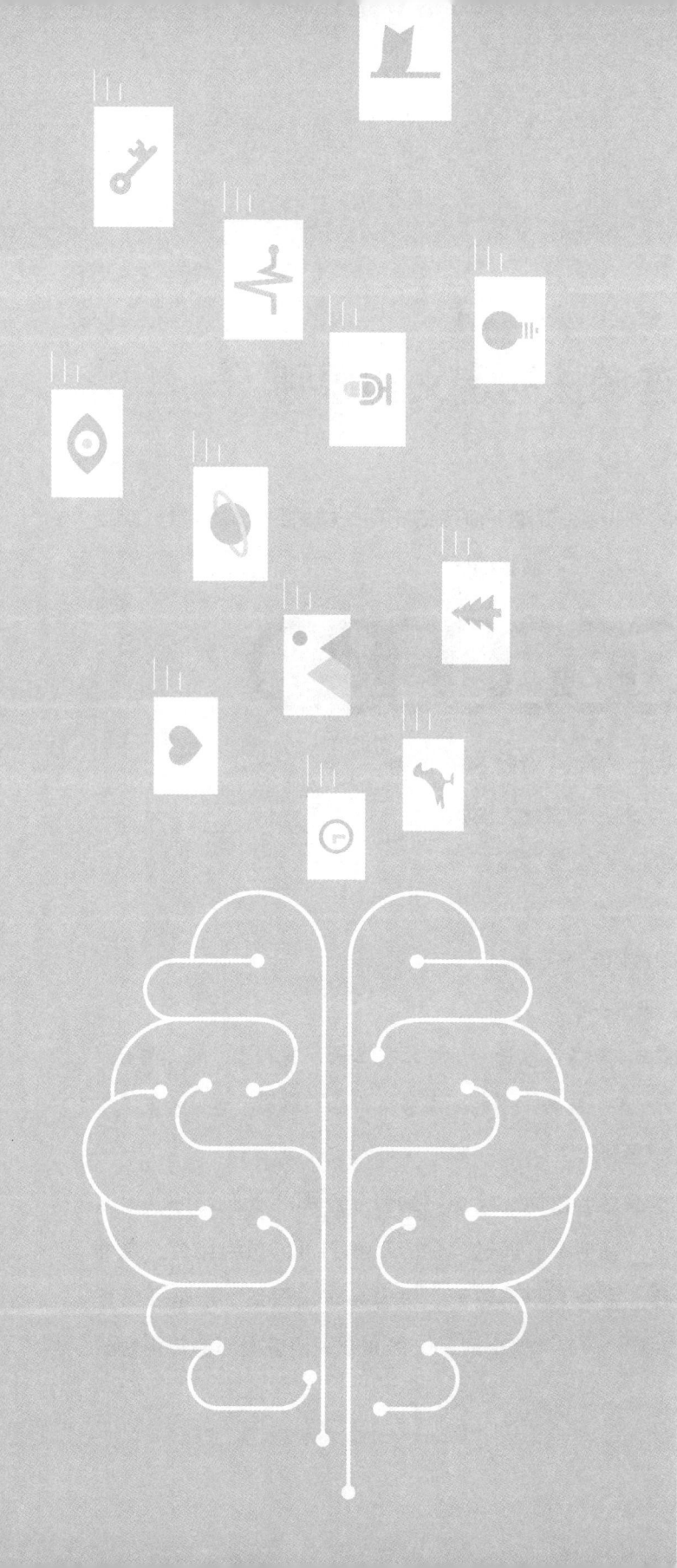

第五章 连锁法和故事法

CHAPTER 5

5.1 连锁法的定义和原则

什么是连锁法？连锁法就跟下面的锁链是一样的，环环相扣。1跟2相连，2跟3相连，1跟3是没有联系的。

在运用连锁法时，需要注意以下4个原则。

①将我们要记忆的知识转化为图像。

②连接词之间加一个动作联系起来。

③前期5个一复习。

④联结时要简单粗暴、快速。

接下来我们先来试一试：

猫　钢琴　鼠标　勤劳　电话　小提琴　玉米　美人鱼　蛹　阳台
风筝　鲤鱼　土星　楼房　鸡冠　衣架　田地　地图　雪　沙漠

第一步，转化为图像。

这20个词基本都是形象词，除了"勤劳"。那么我们就可以用五个小精灵转化一下"勤劳"。通过"勤劳"我们可以想到什么？我可以想到勤劳的蜜蜂。蜜蜂是个形象词，很容易想出图像，于是可以直接用"蜜蜂"去替换"勤劳"这个词，这样20个词语就全部都转化为图像了。

第五章
连锁法和故事法

第二步，连接词之间加一个动作联系起来。

因为想象的是动作，我表述的时候就用动词了哟！你们一定要跟着我的思路，眯上眼睛，跟着图像走：

我们看到猫在**弹**钢琴。钢琴倒下**压**到鼠标，鼠标**缠**住了蜜蜂的脚。蜜蜂**拿**起电话**打**给小提琴。小提琴**拉**动拉出了玉米粒。玉米粒**掉**到美人鱼的嘴里，美人鱼**吐**出来一条蛹。蛹**蠕动**到阳台。阳台上**绑**着一个风筝，风筝上**画**着鲤鱼。鲤鱼**钻**进土星里。土星上**盖**起了楼房。楼房里**长**出了鸡冠，鸡冠**挂**到了衣架上。衣架**种**到了田地里。田地上**盖**了一幅地图，地图里**下**了很多雪。我把雪**泼**到了沙漠里。

再在大脑里复习一遍图像。怎么样？记住了没有？

加粗的蓝色字体就是我们加的动词，这些动词存在的意义就是让我们的**联结速度加快**，记起来简单粗暴，能从开头一直想到结尾。

第三步，复习。

复习的节奏是因人而异的，有的人一开始想象力就比较好，20个词语只用一遍就能记住，所以全部记完再复习就可以了；而有的人只能联结5个或者10个词就复习一遍，因为他们还没有适应这种记忆模式或没有经过想象力的培养。但是只要多练几次，每个人都能一次性把20个词语记住。

接下来我们来小试牛刀，试试你的图像感如何。下面是一组记忆材料，在记完后请总结一下，看看你是需要5个一复习还是10个一复习？又或者你更厉害些，直接联结一遍然后眯着眼睛在脑海里复习一遍就可以了？

词语例：

游戏机 竹笋 水仙 大方 交流 蘑菇 示意 电磁场 柜台 丁香花

橘皮 防护眼镜 桂花 卡车 金丝雀 急忙 甜瓜 麦芽糖 发电机 猫咪

请写出你用连锁法记忆这组词语的过程：

_____

_____

好的，你们已经做到这一步了，非常棒！接下来根据上面我提的问题，总结一下自己所需的复习频率，再反思一下自己有什么需要改进的，或者说下次会不会记得更快、更准？

现在明白为什么《最强大脑》或者《挑战不可能》的选手能够瞬间记住无规律的数字、词语或图像了吧？任何要记忆的东西转化为图像都能让人轻松记住。只不过现在的你虽然记住了，但是**速度确实没专业选手快**，而且**记忆的量也没人家那么大**。其实，所有的记忆大师都是通过练习才变得如此厉害的，他们最初的记忆水平可能与你相差不多。

虽然想要达到记忆大师那个水平，肯定不能只掌握连锁法，但是连锁法一定要练好，因为只有练好了连锁法，才能更好地学习后面的定位法（记忆宫殿）！接下来，我们一起来学习第二大方法——故事法！

5.2 故事法的定义和原则

前面我已经简单介绍过故事法了，其实就是看我们编故事的能力强不强，想象力丰不丰富。接下来我们来详细了解一下故事法！

故事法的定义：**把要记忆的信息转化为图像，然后把它们编成一个故事。**

使用故事法需要注意什么原则呢？

①**简洁**。

②**有趣**。

③**生动**。

④**形象**。

说再多不如我们一起来练来得实际,下面的例子是语文考试中会考到的知识点,让我们试着用故事法来记忆一下吧!

冰心(主要部分)代表作:

《繁星》《往事》《超人》《小橘灯》《纸船》《春水》《寄小读者》《再寄小读者》《三寄小读者》《冬儿姑娘》《樱花赞》

编故事过程:

冰心奶奶看着满天的繁星,想起了很多的往事。她的往事里面有一个很厉害的超人。超人喜欢提着小橘灯去坐纸船。纸船被春水寄给了小读者,连续寄了三次。这个小读者是谁呢?原来是冬儿姑娘。冬儿姑娘特别喜欢樱花,经常称赞它。

根据编出的故事生成的图像如下图所示:

故事法不像连锁法似的有限定规则,所以只要你会编故事,并且编的故事能够像这幅图一样呈现在脑海里,那么记忆就会变得轻松!

你是不是想问:老师,故事法只能用来记词语吗?我会说:当然不!任何想要记忆的知识都能用故事法来记,如古诗。

画

[唐] 王维

远看山有色，近听水无声。

春去花还在，人来鸟不惊。

编故事过程：

画中的**王维**，嘴里含着**糖**（谐音唐），边走边往**远**处**看**那座**山**，发现山上竟然**有**各种颜**色**，走**近**了却**听**不到**水声**。他想**春**天都过**去**了，这些**花**咋**还在**山里，我们这些**人来**了，小**鸟**竟然**不**感到**惊**讶。

注意：脑海里一定要呈现出故事画面。

看，是不是简单的古诗也让我们用故事法轻松地记住了？但是，我需要说一个注意事项，就是编故事的时候应尽量简洁。如果你编成：**我怀着忐忑的心情去买颜料，然后去书房画画，画了一个非常帅气的诗人，这个诗人的名字叫王维**……就加入了太多没有必要的地点和修饰，会导致自己编着编着就忘了前面编的内容。

接下来，请你尝试一下用故事法记忆下面的材料。

鲁迅小说集《呐喊》中的作品：

《狂人日记》《孔乙己》《药》《明天》《一件小事》《头发的故事》《风波》《故乡》《阿Q正传》《端午节》《白光》《兔和猫》《鸭的喜剧》《社戏》

编故事的过程和反思总结：

_____
_____
_____
_____

下面是一首古诗，请你试试能不能用故事法快速背下来。会不会比你以前记忆得更快呢?

寻隐者不遇

［唐］贾岛

松下问童子,言师采药去。

只在此山中,云深不知处。

编故事记古诗的过程:

_____

_____

_____

你们现在基本掌握了连锁法和故事法的运用,而且也做了一些相应的练习。当然,仅靠这一点练习是无法成为高手的!你们在日常学习过程中也要随时使用这些方法,注意培养自己的想象力!同学们,加油!

5.3 运用连锁法和故事法时需要注意的问题

同学们,注意了!

运用连锁法和故事法需要注意以下问题:

■ 不管哪种方法,在用之前都需要把要记忆的信息转化为图像,简称信息图像化。

■ 用连锁法时,两个知识点之间必须加一个动作联系起来,动作应简单粗暴。而在用故事法时就不一定是加动作了,加什么都行,只要你能够记得住并且记得快。

■运用这两种方法时，都应尽量用词简洁，并且让图像在自己的脑海里动起来，像看电影一样。

连锁法和故事法小结

优点： 能一次记忆多项内容，使用起来较简单。记住后，考试中若出现该问题，特别是以多选题出现时，只要回忆一下图像，在选择备选答案时就绝不会出现模棱两可的情况。对记忆名词解释、多选、简答以及需要按顺序记忆的内容，最适合用此种方法。

缺点： 连锁法和故事法的联想都是一环套一环的，所以中间的任何一环都不能中断，即不能遗忘，不然就想不起后面的内容了。有时，从后面往前面推也能想起前面一环节的内容。不过，开头第一项一定要记牢，不然就"群龙无首"了。

仅学连锁法和故事法是不够的，这两种方法确实能让我们迅速地记住少量的信息，而且，加以训练的话，记忆速度能够更快，记忆的量能够更多。但是，这两种方法都存在局限性，当我们要记的信息量变得更大了之后，运用连锁法和故事法来记，速度就会慢很多。要记忆信息量巨大的知识点，我们就要学会用**定位法**，也就是我们常听到的**记忆宫殿**了。

接下来，我会用一章着重来讲记忆宫殿。也许有的同学会问，既然记忆宫殿这么有用，那么我们还学连锁法和故事法干什么呢？

这个问题我统一在这里回答：如果你掌握了记忆宫殿并且能够熟练运用，是最理想的。但是，如果我们要记的内容信息量本来就不大，直接用故事联结一下就可以了，没有必要用到定位法。因为定位法还得先找定位，不管是数字定位、地点定位还是题目定位，都是要你花时间去积累的。所以，三种记忆方法我都会教给你，在应用中，你需要

第五章
连锁法和故事法

自己总结，什么知识点用什么方法对你来说是最好的、最高效的。

请大家利用下面给出的材料进行练习，看看是连锁法还是故事法更适合自己，因为只有实践才能出真知！

现代文《山中访友》文段记忆：

走进这片树林，鸟儿呼唤我的名字，露珠与我交换眼神。我靠在一棵树上，静静地，以树的眼睛看周围的树，每一株树都在看我。我闭上眼睛，想象自己变成了一株树，脚长出根须，深深扎进泥土和岩层，我的头发长成树冠，我的手变成树枝，我的血液变成树汁，在年轮里旋转、流淌。

在记完后，请你思考以下几个问题：你用的是什么方法？脑海里呈现的图像是否清晰？记忆过程中还有什么问题？有什么更好的建议？

总结：

_____

_____

_____

到目前为止，我们发现连锁法和故事法还是很好用的，会比我们不用方法时记得快得多。如果不信，你可以和自己的同学比赛，看下他们的"念经法"和"狂抄法"与你的图像法相比，哪个记忆知识的速度更快。

接下来，让我们带着好奇又激动的心情进入神奇的记忆宫殿，看定位法如何帮我们解决大量信息的记忆问题……

第六章

CHAPTER 6

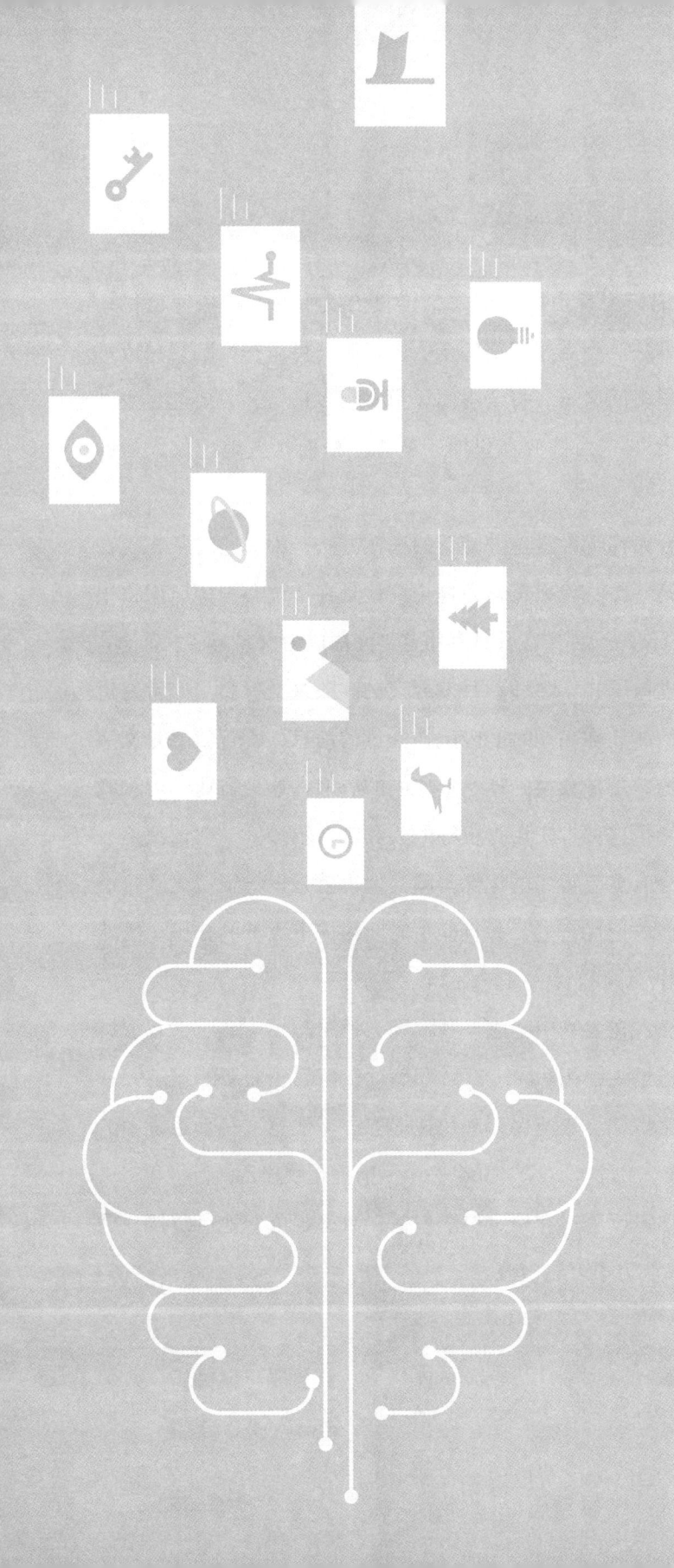

最强记忆法——记忆宫殿

传说，宫殿记忆法是由中世纪一个传教士发明的一种快速记忆、长久储存信息的方法。当需要记忆的东西太多时，可以把大脑想象成一个宫殿，里面有很多间房子，每个房间里都有很多格子，只要通过生动的联想把需要记忆的东西都放在里面，就能轻松而长久地记住大量的信息。

我相信大部分人都听说过这种神奇的记忆方法，因为它时常出现在影视作品中。我第一次听说记忆宫殿这个词就是在《读心神探》中，很幸运的是，我尝试使用这种方法并且利用这种方法成为世界记忆大师。

在这个行业里待了几年之后，我发现记忆宫殿这么有名是非常有道理的，因为它真的能让你在短时间内记住大量的信息，不管信息是文字类的还是数字类的，是抽象类的还是形象类的。但在这个行业学习和教学久了，我发现能把这种方法用得很好的人其实并不多。一般情况下，世界记忆大师都会有自己常用的记忆宫殿，但也就是世界记忆大师这个群体才会有那么多的记忆宫殿，并且能短时间内记下大量的知识。既然记忆宫殿那么有用，那我们就一起来了解一下吧！

记忆宫殿含义：在大脑中建立一套固定、有序的定位系统，在记忆新知识的时候，通过联想和想象，按顺序储存在与其相对应的定位元素上，从而实现快速识记、快速保存和快速提取。（注意：一套系统中的定位点可以有10个、12个、20个、30个……，前提是顺序不能乱。）

记忆宫殿也称定位法。常用定位法包括：数字定位、地点定位、题目定位、身体定位和万事万物定位。

6.1 数字定位

数字定位就是用数字编码去定位记忆知识，而数字编码就是给（无意义）数字赋予一个形象且有意义的编码。就比如，1可以令人联想到棍子，因为形状相似，而2可以令人联想到鸭子等。我总结了三个编码原则：**谐音关系、形状关系、逻辑关系**。我把我编制的万能编码分享给你们，以后大家能直接用得上，它们相当于100个定位呢！

01	棍子
02	铃儿
03	板凳
04	轿车
05	手套
06	手枪
07	锄头
08	溜冰鞋
09	猫
10	棒球
11	筷子
12	婴儿
13	医生
14	钥匙
15	鹦鹉
16	石榴
17	仪器
18	腰包

图像记忆
大脑喜欢你这样记

19	衣钩
20	香烟
21	鳄鱼
22	双胞胎
23	和尚
24	闹钟
25	二胡
26	河流
27	耳机
28	恶霸
29	饿囚
30	三轮车
31	鲨鱼
32	扇儿
33	猩猩
34	三毛
35	山虎
36	山鹿
37	山鸡
38	妇女
39	三角尺
40	司令
41	蜥蜴
42	柿儿
43	石山
44	蛇
45	师傅
46	饲料
47	司机

48	石板
49	湿狗
50	武林盟主
51	工人
52	鼓儿
53	乌纱帽
54	巫师
55	火车
56	蜗牛
57	武器
58	尾巴
59	蜈蚣
60	榴梿
61	儿童
62	牛儿
63	流沙
64	螺丝
65	尿壶
66	溜溜球
67	油漆
68	喇叭
69	太极
70	冰激凌
71	鸡翼
72	企鹅
73	鸡蛋
74	骑士
75	起舞
76	汽油

77	机器人
78	青蛙
79	气球
80	巴黎铁塔
81	白蚁
82	靶儿
83	芭蕉扇
84	巴士
85	宝物
86	八路军
87	白旗
88	爸爸
89	芭蕉
90	酒瓶
91	球衣
92	球儿
93	旧伞
94	首饰
95	酒壶
96	旧炉
97	酒器
98	球拍
99	舅舅
00	望远镜

看一个人的记忆力好不好，一般就看他记成语、词语、文章（现代文、文言文）等的速度够不够快。我平常上课都会教同学们用数字定位去记三十六计，当然，我也必须把你们教会。

三十六计：

1—瞒天过海　2—围魏救赵　3—借刀杀人　4—以逸待劳
5—趁火打劫　6—声东击西　7—无中生有　8—暗度陈仓
9—隔岸观火　10—笑里藏刀　11—李代桃僵　12—顺手牵羊
13—打草惊蛇　14—借尸还魂　15—调虎离山　16—欲擒故纵
17—抛砖引玉　18—擒贼擒王　19—釜底抽薪　20—浑水摸鱼
21—金蝉脱壳　22—关门捉贼　23—远交近攻　24—假道伐虢（guó）
25—偷梁换柱　26—指桑骂槐　27—假痴不癫　28—上屋抽梯
29—树上开花　30—反客为主　31—美人计　32—空城计
33—反间计　34—苦肉计　35—连环计　36—走为上计

请大家先用10分钟认真读两三遍，让我们的左脑对这些词有点印象，这样我们在记忆的过程中就更容易回想起来啦！

接下来，让我们尝试用数字编码来记忆三十六计，马上进入挑战吧！

用数字定位法记忆三十六计方法如下：

1—瞒天过海

数字编码：棍子

故事联结：棍子拍打树叶下来遮住眼睛瞒住天，树枝拍下来做成小船渡过了海。

2—围魏救赵

数字编码：铃儿

故事联结：铃儿浩浩荡荡里三层、外三层围住了魏国要救出赵云。

3—借刀杀人

数字编码：板凳

故事联结：从板凳里借出一把刀去杀人。

4—以逸待劳

数字编码：轿车

故事联结：我把一亿（以逸——一亿）袋麦当劳装进轿车里吃。

5—趁火打劫

数字编码：手套

故事联结：趁着隔壁家着火了，我戴上防火手套去打劫他们家的珠宝。

6—声东击西

数字编码：手枪

故事联结：我拿着手枪敲一声左边的冬瓜，击打右边的西瓜。

7—无中生有

数字编码：锄头

故事联结：我用锄头锄到蜈蚣（无中—蜈蚣），蜈蚣就生出了很多花生油（生有—生油）。

8—暗度陈仓

数字编码：溜冰鞋

故事联结：在黑暗的夜里，我穿着溜冰鞋从陈旧的仓库门前滑过。

9—隔岸观火

数字编码：猫

故事联结：猫隔着岸观察对面的火势，等火灭了，过去烤老鼠。

10—笑里藏刀

数字编码：棒球

故事联结：和损友打棒球的时候，我"嘿嘿"笑了一声，因为打出去的球里面藏着一把尖刀。

已经记完10个了，请大家快速回忆一下，检查自己是否都记住了。第3计是什么？第8计是什么？第5计呢？都能迅速反应出来吗？记忆的时候，有一些词语要通过五个小精灵或者八大要素转化为容易记的信息，让我们的大脑里能呈现出一个个鲜活的图像。

我们接着往下记第11~20个吧!

11—李代桃僵

数字编码:筷子

故事联结:李白拿筷子夹了一袋桃子扔向僵尸。

12—顺手牵羊

数字编码:婴儿

故事联结:婴儿喝羊奶,喝饱了之后就变得力大无穷,顺手牵走了一只羊。

13—打草惊蛇

数字编码:医生

故事联结:医生给草打针,惊动了旁边睡觉的蛇。

14—借尸还魂

数字编码:钥匙

故事联结:我借了一把钥匙,打开了太平间的门,把钥匙插在尸体上,尸体立马还魂了,吓得我赶紧逃走。

15—调虎离山

数字编码:鹦鹉

故事联结:小小的一只鹦鹉叼着老虎离开了山林。

16—欲擒故纵

数字编码:石榴

故事联结:我给你抛石榴,你没接住,石榴砸到了玉琴(欲擒—玉琴),然后反弹,砸到了墙上古老的钟(故纵—古老的钟)。

17—抛砖引玉

数字编码:仪器

故事联结:我从仪器里面观察,抛了一块砖进去发生了化学反应,引出来一块玉。

18—擒贼擒王

数字编码：腰包

故事联结：我们去擒贼的时候一定要先擒王，因为只有大王的腰包最鼓。

19—釜底抽薪

数字编码：衣钩

故事联结：我拿衣钩抽出了锅底（釜底—锅底）的柴火（薪—柴火）。

20—浑水摸鱼

数字编码：香烟

故事联结：我拿烧着的香烟搅浑了水，然后趁机摸鱼。

第11~20计也已经被我们轻松搞定了。趁着图像在我们脑海里还清晰，我们需要迅速复习一下。请大家利用3分钟巩固加强一下。

时间到！来，接下来随机提问：第13计是什么？第16计是什么？第19计是什么？都记住了是不是？

注意：记忆的过程中，我们会用五个小精灵或者八大要素把一些词转化为容易记忆的图像，所以在回忆的时候需要复原为原文！

接下来我们一口气记完剩下的16计！给自己加油！

21—金蝉脱壳

数字编码：鳄鱼

故事联结：鳄鱼咬住了金蝉，金蝉为了逃脱，竟然脱掉了身上的那层壳。

22—关门捉贼

数字编码：双胞胎

故事联结：双胞胎看见盗贼爬窗进来了，然后他们一个赶紧去关门，一个赶紧去捉贼。

23—远交近攻

数字编码：和尚

故事联结：和尚在打球的时候，跟离自己很远的球友交朋友，攻击离自己很近的球友。

24—假道伐虢

数字编码：闹钟

故事联结：闹钟一响，就把你打扮成新娘嫁到法国（假道伐虢——嫁到法国）。

25—偷梁换柱

数字编码：二胡

故事联结：我偷了房子上的梁，换成了二胡的柱子。

26—指桑骂槐

数字编码：河流

故事联结：一条河流里冲出来一根手指，指着桑树骂槐树。

27—假痴不癫

数字编码：耳机

故事联结：找他还钱的时候，他戴着耳机假装吃（痴—吃）布丁（不癫—布丁），不理我。

28—上屋抽梯

数字编码：恶霸

故事联结：我被恶霸追赶着，赶紧爬上屋顶抽掉梯子。

29—树上开花

数字编码：饿囚

故事联结：饿囚刚放出来，就饿得赶紧咬了一口树，树上马上开花了。

30—反客为主

数字编码：三轮车

故事联结：我开着三轮车去接城里来的客人，客人上车之后一脚把我踹了下去，自己成为三轮车的主人。

31—美人计

数字编码：鲨鱼

故事联结：鲨鱼装扮成美人去引诱钓鱼的农夫。

32—空城计

数字编码：扇儿

故事联结：扇儿力大无穷，扇空了一座城。

33—反间计

数字编码：猩猩

故事联结：猩猩在房间（反间—房间）里捶胸顿足。

34—苦肉计

数字编码：三毛

故事联结：三毛实在太穷了，只吃得起苦瓜炒肉了。

35—连环计

数字编码：山虎

故事联结：山虎在马戏团里跳一环连着一环的火圈。

36—走为上计

数字编码：山鹿

故事联结：猎人拿枪追赶山鹿，山鹿只能先走为上。

第21~36计你们记得轻松吗？大家一定要按照步骤体验这种神奇的感觉，不要放过让自己成为"最强大脑"的机会。你们一定要相信自己大脑的潜能！

如果你们能把数字编码背得很熟，就可以用它们来记任何想记的知识点了。我们机构的小伙伴都特别喜欢用数字定位法去记知识，因为数字本身就是定位点，能直接运用。接下来我们就开始实践吧！体验一把燃烧大脑的感觉！

请大家尝试用数字编码定位去尽快记住40个成语，在记忆时要记录自己的用时，也可以与没学过记忆法的同学比赛。（需要特别注意的是，记忆过程中脑子里一定要出图。）

和风细雨	热火朝天	东山再起	十字路口	取长补短
白日做梦	十指连心	不由自主	瓜田李下	一表人才
舍己为人	五花八门	火烧眉毛	红男绿女	古今中外
明明白白	自以为是	面目全非	头头是道	百花齐放
莺歌燕舞	春暖花开	脱口而出	狗急跳墙	弱肉强食
青山绿水	语重心长	风平浪静	天罗地网	哄堂大笑
落地生根	窗明几净	落花流水	面红耳赤	白手起家
贪生怕死	乐极生悲	走马观花	别有洞天	非亲非故

我们之前已经用数字定位法记过三十六计了，此处同理，就是运用数字编码来定位相应的成语并记忆。比如，01的编码就直接对应成语"和风细雨"。

01—和风细雨

数字编码：棍子

故事联结：我拿着棍子吹着和风去打细小的雨珠。

剩下的我们直接在脑海里出图就行了，不用特地写下来，这样能让你更加专注地去记忆、去回想、去转化！建议10个一复习，记完20个再回忆一下，没问题就接着往下记，最后记得来个整体复习。

记完了，确保全部记住了，那就大胆写下来吧！

用数字定位法记忆成语的过程中，需要注意以下几点：

①一定要熟悉数字编码。

②记忆过程要灵活。

③找关键词的速度要快，与编码联结的速度要快。

④词语转化出图的速度要快。

其实，记忆速度快慢主要与出图的速度、数字编码的熟悉程度、编码与词语图像联结的速度、对成语本身的熟悉程度有关。

为什么说记忆过程要灵活？强调这一点是因为有的同学会陷入一定要找关键词的思维定式。其实，如果某个成语你原本就比较熟悉，那么直接将它的画面跟编码联系起来就可以了，不要陷入思维定式，要灵活运用记忆方法。

会用数字编码记忆成语之后，用数字定位记忆文章是不是也轻而易举了？文章无非成语的延伸罢了。而如果你都会记忆文章了，那你还害怕不会记忆其他的信息吗？是不是已经摩拳擦掌，随时准备开始尝试了？先给大家留个悬念，后面我会用一节去教大家记忆文章。

6.2 地点定位

地点定位俗称万能定位,任何想要记忆的信息都可以使用地点来记忆。地点定位也是我上课过程中教学生使用最多的一种方法,这种方法既实用又好用,而且能记忆的量是非常大的。接下来我们先感受一下方法的用处和特点。试试我们是否能按顺序快速地记住下面的名言警句。

名言警句10句:

1. 世上无难事,只怕有心人。

2. 欲要看究竟,处处细留心。

3. 虚心万事能成,自满十事九空。

4. 滴水能把石穿透,万事功到自然成。

5. 宝剑锋从磨砺出,梅花香自苦寒来。

6. 百川东到海,何时复西归?少壮不努力,老大徒伤悲。

7. 百学须先立志。

8. 笔落惊风雨,诗成泣鬼神。

9. 不登高山,不知天之高也;不临深溪,不知地之厚也。

10. 不飞则已,一飞冲天;不鸣则已,一鸣惊人。

第一步,我们先将材料读两遍;第二步,我们用地点定位法去记忆。接下来,我先用我家的定位给你们举例。

1. 右沙发　2. 茶几　3. 左沙发　4. 门　　　5. 柜子
6. 台阶　　7. 扶手　8. 电视机　9. 灯光墙　10. 储物柜

10个地点已经准备好了，10句名言警句也准备好了，接下来我们就试着用地点定位法来进行记忆吧！

1. 世上无难事，只怕有心人

地点：**右沙发**

关键词转化：**难事—南瓜、有心人—心**

故事联想：**南瓜**掉下来砸碎了坐在**右沙发**上的有**心**人。

2. 欲要看究竟，处处细留心

地点：**茶几**

关键词转化：**究竟—酒精、留心—流心蛋糕**

故事联想：我想看**酒精**倒到**茶几**上放着的**流心蛋糕**上会成什么样子。

3. 虚心万事能成，自满十事九空

地点：**左沙发**

关键词转化：**虚心、事—柿、自满**

故事联想：**虚心**的柿子坐在**左沙发**上做事都能成功，如果你坐在左沙发上**自满**，那做十件事有九件事都是空的。

4. 滴水能把石穿透，万事功到自然成

地点：门

关键词转化：滴水、石、万、自然、成

故事联想：滴水一直在滴门上的石头，滴了一万次之后，自然就成功了。

5. 宝剑锋从磨砺出，梅花香自苦寒来

地点：柜子

关键词转化：宝剑、磨—魔石、砺—锋利、梅花、香、苦

故事联想：从柜子里拿出宝剑，拿到魔石上磨锋利之后砍梅花，砍下来的花闻着香吃着苦。

6. 百川东到海，何时复西归？少壮不努力，老大徒伤悲

地点：台阶

关键词转化：百川—白娘子、海、时—闹钟、西、归—龟、少—少年、老大

故事联想：白娘子从台阶上跳到海里，在海里边调闹钟边向西赶乌龟上岸，乌龟上岸后说了一句，少年时不努力，老大就徒悲伤了。

7. 百学须先立志

地点：扶手

关键词转化：学—课本、立志—拳头

故事联想：我拿着课本坐在扶手上学习，握着拳头立志要考上清华。

8. 笔落惊风雨，诗成泣鬼神

地点：电视机

关键词转化：笔、落、惊、风雨、诗、鬼神

故事联想：笔从电视机上落下来惊动了风雨，风雨把诗书送给鬼神。

9. 不登高山，不知天之高也；不临深溪，不知地之厚也

地点：灯光墙

关键词转化：**高山**、**天**、**高**、**深**、**溪**、**地**、**厚**

故事联想：不登<u>灯光墙</u>这座**高山**，不知道灯光墙上面的**天**有多**高**，不从灯光墙上跳到下面**深**深的小**溪**，不知道底下的**地**有多**厚**。

10. 不飞则已，一飞冲天；不鸣则已，一鸣惊人

地点：<u>储物柜</u>

关键词转化：**不飞**、**一飞**、**冲**、**鸣**、**惊**、**人**

故事联想：<u>储物柜</u>**不飞**就在那里，**一飞**就往天上**冲**，伴随着**鸣**声，**惊**动了别**人**。

知悉：

①呈现在每个位置的必须是清晰的图像。

②蓝色黑体字为关键词和呈现图像的词。

③加下划线的蓝色字为地点。

同学们，记住了没有？我现在随机问你第7句是什么？第3句是什么？能不能马上回忆起来？是不是脑子里的图像特别清晰？我们能随机想起来某个地点是什么和在地点里面放了什么东西，这就是地点法的优势。我们都知道，地点是无穷无尽的，因为我们在哪儿都能找到地点，小到家里的客厅、厨房、卧室等，大到校园、公园、游乐场等，都是黄金地点呀！

同学们，其实记忆宫殿并不是传说中的神奇东西，而是任何人都能够掌握的实用技巧。定位法相对于连锁法和故事法还有一个好处，就是我们能迅速定位所需的信息点，比如刚才记的名言警句，随机问你第3句、第8句、第4句，你是不是一想到位置就能够想到那个画面并还原出来自己记过的东西？

我们可以再体验一下用地点定位法记其他类型的知识点，比如古诗、数字、词语、文言文、现代文……

现代文《从百草园到三味书屋》片段记忆：

不必说碧绿的菜畦，光滑的石井栏，高大的皂荚树，紫红的桑椹；也不必说鸣蝉在树叶里长吟，肥胖的黄蜂伏在菜花上，轻捷的叫天子（云雀）忽然从草间直窜向云霄里去了。单是周围的短短的泥墙根一带，就有无限趣味。油蛉在这里低唱，蟋蟀们在这里弹琴。翻开断砖来，有时会遇见蜈蚣；还有斑蝥，倘若用手指按住它的脊梁，便会拍的一声，从后窍喷出一阵烟雾。何首乌藤和木莲藤缠络着，木莲有莲房一般的果实，何首乌有臃肿的根。有人说，何首乌根是有像人形的，吃了便可以成仙。

第一步，将文章读两遍。第二步，找出关键词，转化为图像。第三步，与准备的地点联系起来。

新增的一组地点如下图：

11. 墙灯　12. 盆栽　13. 沙发　14. 电视机　15. 柜子
16. 吊灯　17. 茶几　18. 长沙发　19. 壁画　20. 台灯

好的，我们已经准备好了两组地点。在开始记忆前，我们需要迅速把地点熟悉一下，尽量能够一秒回忆一个。

接下来就要开始我们的记忆过程了！包括标题，我把上面的材料分为18个部分，分别与18个地点联结起来记忆！

1. 从百草园到三味书屋

地点：<u>右沙发</u>

故事联想：撕破<u>右沙发</u>，从百草园进入三味书屋。

2. 不必说碧绿的菜畦

地点：<u>茶几</u>

故事联想：<u>茶几</u>上种了很多<u>碧绿的</u>菜，菜上面还绑了很多<u>彩旗</u>（菜畦）。

3. 光滑的石井栏

地点：左沙发

故事联想：石井栏把左沙发砸出一个窟窿。

4. 高大的皂荚树

地点：门

故事联想：打开门，发现门外面种满了长满肥皂的树。

5. 紫红的桑椹

地点：柜子

故事联想：柜子上摆满了紫红的桑椹。

6.也不必说鸣蝉在树叶里长吟

地点：台阶

故事联想：鸣蝉趴在台阶上的树叶上吟唱。

7.肥胖的黄蜂伏在菜花上

地点：扶手

故事联想：肥胖的黄蜂伏在扶手上长出来的菜花上。

8.轻捷的叫天子（云雀）忽然从草间直窜向云霄里去了

地点：电视机

故事联想：电视机里播放着叫天子从草间直接窜向云霄里去了的画面。

9. 单是周围的短短的泥墙根一带，就有无限趣味

地点：灯光墙

故事联想：灯光墙上的灯照着泥墙根，这一带有无限趣味。

10. 油蛉在这里低唱

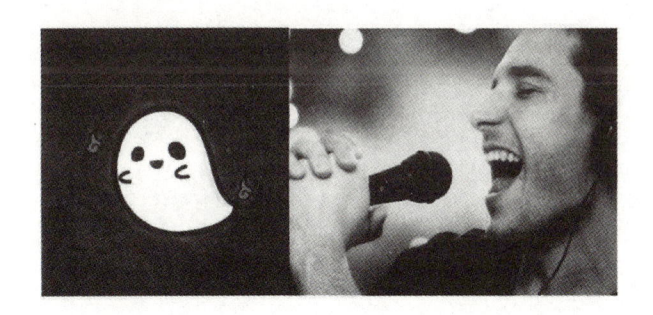

地点：储物柜

故事联想：油蛉在储物柜里低唱。

11. 蟋蟀们在这里弹琴

地点：墙灯

故事联想：墙灯上的蟋蟀们在弹琴。

12. 翻开断砖来，有时会遇见蜈蚣

地点：<u>盆栽</u>

故事联想：<u>翻开</u><u>盆栽</u>上的<u>断砖</u>，看见里面有好多<u>蜈蚣</u>。

13. 还有斑蝥

地点：<u>沙发</u>

故事联想：一屁股坐到<u>沙发</u>上，没想到坐到了上面的<u>斑蝥</u>。

14. 倘若用手指按住它的脊梁，便会拍的一声，从后窍喷出一阵烟雾

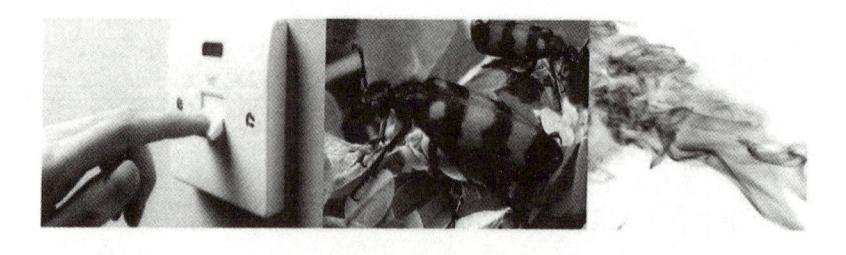

地点：<u>电视机</u>

故事联想：<u>电视机</u>里弹出一只手指，<u>按住斑蝥的脊梁</u>，啪，从它后窍喷出来一阵烟雾。

15. 何首乌藤和木莲藤缠络着

地点：柜子

故事联想：柜子上的何首乌藤和木莲藤缠络着。

16. 木莲有莲房一般的果实

地点：吊灯

故事联想：吊灯上的木莲长出了莲房一般的果实。

17. 何首乌有臃肿的根

地点：茶几

故事联想：茶几上放着的何首乌有臃肿的根。

18. 有人说，何首乌根是有像人形的，吃了便可以成仙

地点：长沙发

故事联想：长沙发上有人拿着何首乌的根说有点像人形，他吃一口就成仙了。

接下来，请你们用2分钟，迅速把每个地点回忆一下，把图像深深地印在脑海里，让图像能够在我们的脑海里动态呈现出来，并且对照原文，尽量还原90%以上。

2分钟已经到了，那我接下来直接抽查试试？第12句？第15句？第3句？第8句？都记住了吗？这就是定位法的优势，不仅能迅速记住知识，还能随机抽背、点背！赶紧去跟自己的朋友分享吧！在教中学，在学中教。把自己的同学教会，那你就是个小老师了！

地点定位是最有用的，也是最广泛使用的记忆术之一，其核心就是把要记忆的信息转化为图像后和一个或者一些地点联系起来。

接下来我们来总结一下地点的选择规则和寻找方法。

地点的选择原则：

其一，要有总路线，一定要有顺序，并且顺序要比较固定，不能乱；其二，一定要是自己熟悉的地方（关己）；其三，距离大小一定要合适（在室内，两个地点之间的距离尽量控制在0.5~2米，室外的话根据情况来定，但是距离尽量不要超过5米）；其四，要有明显特征；其五，在同一条直线上不要找超过三个地点。

知道找地点的原则之后,我们就要考虑如何去找地点了。因为积累的地点越多,我们能记住的知识也越多,不过这也意味着我们要花更多时间去熟悉地点了!找地点有两种方法:路线法和区域法。

路线法: 就是沿着一条路寻找标志性物体当作地点(定位)。

找一些熟悉的路线,设定起点和终点,如从家门口到学校门口、从图书馆正门到宿舍门口、从电梯口到商场入口……然后,有序地从路线中选取有特征的地点。

下面是公园的路线示范:

1. 石头　2. 指示牌　3. 树叶　4. 圆树　5. 黄石头　6. 红色指示牌

正常来说,我们这样找是没什么问题的,地点寻找的顺序、特征、距离等原则都满足了。但要是我像下面这样找呢?

你看,这样找的话就会出很大的问题了,对不对?不仅顺序混乱,

距离也很不恰当。我们找地点的时候,要找有特征、有标志、能一眼就记住的东西,千万不要找毫无特色的墙或者随处可见的地板。特别是同一套地点里,最好是选取有视觉冲击感的地点,比如下面这张图,是不是让我们印象特别深刻?

接下来,我们来看一下如何在室内找地点。以前文提到的房间为例:

11. 墙灯　12. 盆栽　13. 沙发　14. 电视机　15. 柜子
16. 吊灯　17. 茶几　18. 长沙发　19. 壁画　20. 台灯

这种地点寻找方法就是**区域法**。区域法可以用在各种场所中,比如你家的客厅、餐厅、厨房、卧室等。

在找到地点后,我们还需要熟悉地点。

地点的熟悉步骤：

第一步，把地点默写在笔记本的空白处。第二步，在脑海里回忆地点路线图（1分钟）。第三步，1秒回忆1个地点，前期10个一组（10秒内回忆完毕，重复两遍）。第四步，在地点长时间没使用之后，如果忘了一两个地点，可在前后地点中间虚拟一个地点出来。第五步，定期复习、整理地点。当然，如果你经常使用，对地点非常熟悉的话，就不用天天复习啦！

好了，同学们，既然我们已经把地点怎么用、怎么找都体验了一遍，那么接下来就可以更进一步地去尝试应用地点定位法了。

在前文，我们尝试了用地点定位法记忆名言和现代文。其实，地点定位法的能量远比这些大，它特别适合用于记忆信息量大，且彼此间缺乏逻辑联系的内容，如数字串。

闲话少说，实例为证：

    4918 2496 1046 8720 3095

    1253 4801 3280 1589 7463

你们可以先试试不用记忆法，看靠死记硬背需要多久才能记下来。

在利用地点定位法记忆前，让我们再来复习一下地点：

1. 右沙发 2. 茶几 3. 左沙发 4. 门 5. 柜子

6. 台阶　7. 扶手　8. 电视机　9. 灯光墙　10. 储物柜

知道为什么我要把4个数字分为一组吗？敲重点了，因为2个数字为一个编码，将4个数字像连锁法一样进行联结，然后放在一个地点上就可以了！数字编码我就不写在边上了，我相信你们已经记住了。我只提醒一点，那就是一定要在地点上呈现图像。

地点1：右沙发

联结：湿狗从右沙发里抽出来一个腰包。

地点2：茶几

联结：我拿着闹钟甩到茶几上的旧炉。

地点3：左沙发

联结：我拿棒球抽打左沙发上的一包饲料。

地点4：门

联结：白旗打到了门上面很烫的香烟。

地点5：柜子

联结：我开三轮车撞碎了柜子上的酒壶。

地点6：台阶

联结：婴儿戴着乌纱帽趴在台阶上。

地点7：扶手

联结：我拿石板戳断了扶手上的棍子。

地点8：电视机

联结：扇儿扇飞了电视机上放着的巴黎铁塔。

地点9：灯光墙

联结：鹦鹉叼走了灯光墙上的芭蕉。

地点10：储物柜

联结：骑士从储物柜里拿出流沙瓶。

哇哦！看到没有？是不是只要记住数字编码和地点，然后按顺序就能够记住我们想要记住的信息？不信？那我问你们：电视机上的数字是什么？台阶呢？茶几呢？这一幅幅图像是不是都在你们的脑海里呈现出来了？

这个方法是不是跟我们前面学的连锁法有点像？连锁法的步骤是先将记忆内容转为图像，再加一个动作联系起来。而地点法是先准备地点，再把放在地点上的知识用动作联系起来。我为什么会在这里谈到连锁法呢？因为连锁法也涉及加动作，所以你练好了连锁法，也能促进你对定位法的掌握。当然，反过来也是一样的。定位法的优势是无论记多少东西都不会乱，并且记忆的量还可以很大。

当然，如果你对数字编码和定位都很熟，并且加动作的速度也很快的话，那你记忆数字的速度就会很快，越练就会离"最强大脑"越近……

接下来，我为大家准备了一些练习。我们学习记忆法的目的很简单，就是要学会记忆平常生活中会遇到的信息和知识。

我们在记忆的时候，要随时记得：碰到少量的知识时，直接用连锁法和故事法就能快速搞定；如果碰到量大的知识，记得使用定位法；而当知识量变成一本书的时候，我们就可以使用思维导图，并结合三大方法进行记忆。后面我也会花一章去讲解如何使用思维导图，所以一定要看到最后呀！

请用地点定位法记下面这首古诗：

登 高

［唐］杜甫

风急天高猿啸哀，渚清沙白鸟飞回。

无边落木萧萧下，不尽长江滚滚来。

万里悲秋常作客，百年多病独登台。

艰难苦恨繁霜鬓，潦倒新停浊酒杯。

译文：风急天高，猿猴啼叫显得十分悲哀。水清沙白的河洲上有鸟儿在盘旋。无边无际的树木萧萧地飘下落叶，望不到头的长江水滚滚奔腾而来。悲对秋景感慨万里漂泊常年为客，一生当中疾病缠身，今日独上高台。历尽了艰难苦恨，白发长满了双鬓，衰颓满心偏又暂停了消愁的酒杯。

同学们可以借助译文更好地理解古诗意思，在脑中想象更加生动、形象的图像！请用地点定位法记忆，可以使用我们前面用过的地点。当然，如果你们找了更好用的地点，也可以直接用自己找的地点，正好也可以试试这些地点用得顺不顺手，为下一次找地点打下坚实的基础！如果你们这样做了，我要夸奖你们！

给你们两点提示：

①题目和朝代作者可以放在一个地点上。

②每一句古诗都可以转化为图像之后放在地点上。

接下来请同学们用地点定位法记住40个随机数字：

0839 2618 5501 3806 1749

6205 6859 2749 3071 2945

大家要牢固记住数字编码。因为数字编码相当于定位桩，如果掌握了数字编码，那就相当于轻松拥有100个地点。用地点定位法时，找10个一组的地点得找10组才够100个，而你把数字编码熟悉了就有100个了，这是多么幸福的一件事呀！

俗语有云："读万卷书不如行万里路。"但行万里路不如阅人无数，阅人无数不如名师指路，名师指路不如自己去悟。

如果能自己悟出来的话，那自然是高手，但是我教学到现在还没碰到过能自己悟出来的学生，有很多人即使看书都看不明白，所以如果能有名师指路，就能让我们少走弯路。

定位法不止地点法一种。接下来，我们来看看其他定位法能否给我们带来更多的惊喜。

6.3 题目定位

顾名思义,题目定位法就是用题目里面的词作为定位点去记忆知识的方法。题目定位法经常被用于记忆古诗词和政史地生等学科的知识点。

那我们话不多说,马上来看看例子吧!本节会先举一些简单的例子,便于大家接受理解,在后面的章节中,会针对不同类型、不同学科的知识给出相应的具体解决办法!

首先登场的例子是一首简单的古诗:

观梅有感

[元] 刘因

东风吹落战尘沙,梦想西湖处士家。

只恐江南春意减,此心元不为梅花。

译文:北方战乱初定,春风吹落梅树枝叶上的尘埃,经冬的梅花今又开放,不由得联想到以爱梅著称的林逋。今后的江南恐怕再无往日春色,我的心怎能只把梅花牵挂。

题目定位法使用步骤如下:

第一步,先读两遍古诗。第二步,将题目中的定位点转化出图。第三步,找出每句古诗中的关键词,转化为图像并与题目定位联系起来。第四步,还原修正。

第一步是读,请大家先读两遍,确保没有生字。第二步,将题目中的定位点转化出图:观—观看(联想到眼睛或者望远镜),梅—梅花,有—油,感—感叹号。第三步,找出每句古诗中的关键词,转化为图像并与题目定位联系起来。将题目转化为图像后,再把每一句古诗分别转化为如下的图像，再将它们与题目联系起来。一般情况下，题目、作者和朝代尽量都与第一句古诗直接联系起来。

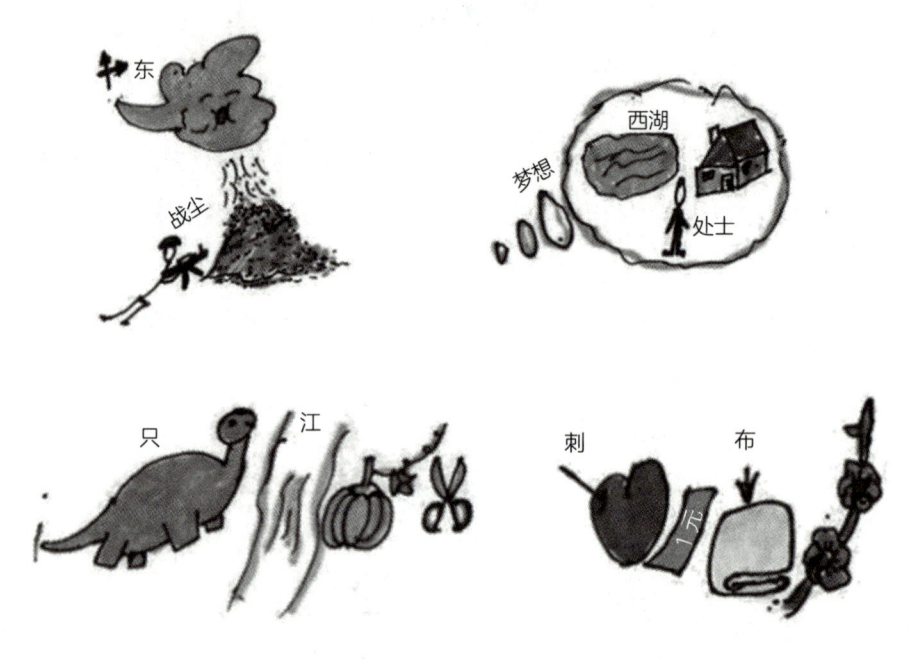

记忆方法如下，转化出的图像也要清晰地记在我们脑海里。

1. [元] 刘因，东风吹落战尘沙

定位：观—望远镜

故事联结：在柳荫（作者）下，我手里拿着一元（朝代）钱，用望远镜观看东风吹落了战争时沉下来的沙子。

2. 梦想西湖处士家

定位：梅—梅花

故事联结：摘下一朵梅花，看着它，梦想着要去西湖处士家的日子。

3. 只恐江南春意减

定位：有—油

故事联结：油泼到了一只恐龙，恐龙惊吓中踩到了江边的南瓜，赶紧拿起剪刀剪掉了南瓜藤。

4. 此心元不为梅花

定位：感—感叹号（危险标识）

故事联结：拿着感叹号的牌子刺到了心，心疼这一元钱，不能再买梅花了。

怎么样，都记住了吗？现在马上看一眼题目，给自己2分钟复习！先默念，然后背出来，最后尝试默写出来。

现在赶紧把你的答案写下来吧！

题目：_____

作者和朝代：_____

第一句：_____

第二句：_____

第三句：_____

第四句：_____

感觉如何？是不是觉得自己特别厉害？用题目定位法记古诗的好处在于不需要另找定位点，而且记下来之后，只需要看到题目就能回忆起全诗，能够记得又快、又准、又牢。

后面会有一章的内容专门去讲解如何快速记忆古诗，题目定位法只是多种方法中的一种，后面你还会碰到题目更短或者更长的古诗，会用到不同的记忆方法。

现在我们再来练一练，看自己能不能立马记住下面的词：

满江红·怒发冲冠

［宋］岳飞

怒发冲冠，凭阑处、潇潇雨歇。抬望眼、仰天长啸，壮怀激烈。三十功名尘与土，八千里路云和月。莫等闲，白了少年头，空悲切。

靖康耻，犹未雪；臣子恨，何时灭。驾长车，踏破贺兰山缺。壮志饥餐胡虏肉，笑谈渴饮匈奴血。待从头、收拾旧山河，朝天阙。

总结：

_____

_____

_____

我们已经体验过利用题目定位法记古诗词了，但题目定位不仅能用来记古诗文。

我们再来试着用题目定位法来记忆历史和政治的知识点吧！

王安石变法的主要内容：

1. 保甲法。

2. 青苗法。

3. 农田水利法。

4. 免役法。

5. 方田均税法。

方法如下：

1. 定位：<u>王——国王</u>

故事联结：<u>国王</u>出宫，当然得有人保驾（**保甲法**）。

2. 定位：<u>安——安居</u>

故事联结：农民们<u>安居</u>的地方，地里的青苗（**青苗法**）就长得好。

3. 定位：<u>石——石头</u>

故事联结：农民们用<u>石头</u>拦成大坝，搞农田水利（**农田水利法**）建设。

4. 定位：<u>变——政变</u>

故事联结：发生<u>政变</u>时，国家会通过免役法征兵（**免役法**）。

5. 定位：<u>法——守法</u>

故事联结：把不<u>守法</u>的人抓起来放田里军训（**方田均税法**）。

直接用题目定位对应记忆主要知识点，会让我们感觉又轻松又简单，而且不容易忘记！当然有的同学会说："老师，这个内容并不多，不能够让我充分体会记忆法的神奇。"其实我们的学习生活中，本来也没有许多信息量很大的知识要记，知识就是一点一点堆积起来的。

计时器准备好！大脑准备好！接下来，请你们使用刚学的题目定位法记忆以下知识点。

中日《马关条约》：

1. 割让辽东半岛、台湾全岛及附属各岛屿、澎湖列岛给日本。

2. 赔偿日本军费白银二亿两。

3. 增开苏州、杭州、沙市、重庆为通商口岸。

4. 允许日本在中国通商口岸开设工厂。

我们已经练习过用题目定位法记历史事件了，接下来我们尝试记一下政治和地理知识，看一下能不能举一反三。我们直接开始吧！

坚持四项基本原则内容：

1. 坚持社会主义道路。

2. 坚持人民民主专政。

3. 坚持中国共产党的领导。

4. 坚持马克思列宁主义、毛泽东思想。

记完之后看下自己的记忆时间，有没有比之前更快了？用起这种方法有没有比之前更熟练了？

总结：

_____

_____

记忆地理知识也是同样的道理！不过所有的知识都不只有一种方法记忆。多去练练所有学过的方法，你才会渐渐熟悉和明白方法的适用之处，才能够**越用越熟练，看到知识点就立马反应过来哪种方法最适当且最快，达到快速记忆的目的**……同学们，加油！

非洲人口、粮食与环境问题：

1. 人口问题：非洲人口自然增长率居各大洲首位，撒哈拉以南非洲的人口自然增长率更高。

2. 粮食问题：农业生产基础差，粮食供应不足，粮食增长速度远低于人口增长速度。

3. 环境问题：人们乱伐滥牧，使森林被毁，草场退化，土壤肥力下降，土地荒漠化，生态环境恶化。

总结：
_____
_____
_____

本节详细地讲解了题目定位法，也带同学们练过，并且出了很多题让同学们去练。只要你坚持训练下来了，那么我们就可以一起往下学其他方法了。

6.4 身体定位

身体定位不能像其他定位法一样找出那么多定位点，因为一般人都不知道身体各个部位的专业名词，即使写出来，也不容易被记住。所以我为了让大众更容易接受，直接找一些大家都知道、了解的部位去作为定位点，再去记忆知识！

那接下来我们废话不多说，一起进入身体定位法的学习中吧！

定位点如下：

1—头　　2—眼睛　3—鼻子　4—嘴巴　5—耳朵　6—脖子

7—肩膀　8—胸膛　9—手　　10—屁股　11—膝盖　12—脚

同学们，你们在找身体定位的时候，一定要站起来，边找边拍拍身体对应的部位。在找定位的时候加入感官感觉，这样能让我们的记忆更加深刻。

接下来，我们来试着用身体定位记住想要记住的知识点。

十二星座：

1. 水瓶座　2. 双鱼座　3. 白羊座　4. 金牛座　5. 双子座　6. 巨蟹座

7. 狮子座　8. 处女座　9. 天秤座　10. 天蝎座　11. 射手座　12. 摩羯座

定位法的使用方式是大同小异的，但是这个过程我们还是可以练的，因为不仅可以培养我们的想象力，还能够让我们提高对定位法的应用熟练度。那我们直接开始记忆吧！

1. 水瓶座

定位：头

故事联结：水瓶里烫烫的水倒到头上，把头发卷成爆炸头。

2. 双鱼座

定位：眼睛

故事联结：一双眼睛像鱼一样突出来。

3. 白羊座

定位：鼻子

故事联结：白羊冲进你房间，用羊角把你的鼻子给撞出血了。

4. 金牛座

定位：嘴巴

故事联结：用嘴巴一口咬住金牛。

5. 双子座

定位：耳朵

故事联结：耳朵挂着的耳环上吊着两个儿子（双子—两个儿子）。

6. 巨蟹座

定位：脖子

故事联结：一只巨大的螃蟹钳住了你的脖子。

7. 狮子座

定位：肩膀

故事联结：肩膀上趴着一只大狮子。

8. 处女座

定位：胸膛

故事联结：胸膛上抱着小仙女。

9. 天秤座

定位：手

故事联结：用手托着天秤。

10. 天蝎座

定位：屁股

故事联结：有一堆天上掉下来的蝎子正扎着我的屁股。

11. 射手座

定位：膝盖

故事联结：带朋友去射箭，一不小心就射了一只手在我的膝盖上。

12. 摩羯座

定位：脚

故事联结：运动时用力过猛，一不小心脚就磨了一块皮，结了一块疤（摩羯——磨了一块皮，结了一块疤）。

感觉如何？能不能一遍就记住？大家可以参考下面的图像，把这个图像想象得动起来，就能轻松记住了。同学们发现没有？身体定位是直接与我们的身体联系起来的，它跟其他的方法本质上没有区别，只不过在这个记忆的过程中，我们要去感受自己的身体。前期的图像可能出得慢一点，这是没有关系的，会越练越好的，也会越练越快的，加油！

接下来我们尝试用身体定位记忆二十四节气吧！大家要体验这种记忆的感觉，找到自己的记忆节奏！

二十四节气：

1. 立春　2. 雨水　3. 惊蛰　4. 春分　5. 清明　6. 谷雨
7. 立夏　8. 小满　9. 芒种　10. 夏至　11. 小暑　12. 大暑
13. 立秋　14. 处暑　15. 白露　16. 秋分　17. 寒露　18. 霜降
19. 立冬　20. 小雪　21. 大雪　22. 冬至　23. 小寒　24. 大寒

总结：

_____

_____

_____

我们可以用前面找的身体定位去记忆二十四节气，但是要在一个定位点上放2个节气，这样就可以很方便且很容易地记住了。

我个人觉得身体定位固然好用，但是也得看我们能找到多少个身体定位点，因为一般人都不是那么精通人体结构，这就意味着在身体上能找到的定位是比较少的，能记忆的信息量也是非常有限的。

同学们，你们要学会灵活应用，选择不同的方法去记忆不同的信息，这样才能达到高效记忆的目的。

身体定位已经讲完了，同学们也已经练习过了，那接下来，我们来学习万事万物定位法吧！

6.5 万事万物定位

万事万物定位法其实就是我们前面讲的定位法的细化，意思是**我们可以在任何时间、任何地点，用任何东西去记住任何信息！**

使用万事万物定位法的原则：

①部件充分。

②定位特征较明显。

③出图联结。

我们可以随意找一些日常生活中经常使用的东西，在上面体验如何随机找定位。

鞋子：

①鞋垫　②鞋盖　③鞋带

④鞋面　⑤鞋边　⑥鞋底（直线顺序）

用鞋子记忆中国六大古都：

洛阳、北京、南京、西安、开封、杭州

毛笔：

①笔绳　②笔杆　③笔肚　④笔尖

用毛笔记忆楷书四大家：

颜真卿、柳公权、欧阳询、赵孟頫

请同学们自己学着用定位法练习。同学们，加油哟！你们离成为记忆高手越来越近了！

同学们，不知道你们发现没有，其实生活中无处不是地点，如电视机、床、茶几等，只要你用心地留意，并且在日常生活中刻意训练，就有机会成为记忆高手。

万事万物定位法的原理与前面提到的地点定位、数字定位和身体定位是类似的，只不过我们要将已找到的定位点进行细化，再重新找。肯定有同学想问我，"那是不是数字编码中的每一个都可以独立找定位点？"同学们，你们太聪明了！是的，只不过咱们先别急着找细节化的定位点，先把老师教的几种方法掌握好吧！

能掌握老师前文中介绍的几种记忆方法，其实已经足够满足日常生活

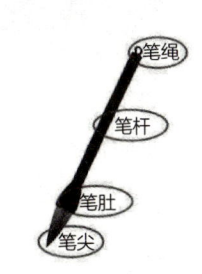

所需了！但如果你们也想像老师一样成为记忆大师，那就要进行大量系统训练了。

我平常上课中讲得比较多的记忆方法基本都已经在前面讲完了，接下来我会把需要着重训练的方法单独拿出来。这些方法都是我们在日常生活中随时随地可用的，但是我们需要大量练习才能熟练运用，让我们开始吧！

6.6 练习——用数字定位记忆长篇文言文

为什么我们前面已经讲过了这种方法，现在还要练呢？因为我们需要巩固方法，一些同学在上课时都不能坚持练习，所以我必须带着你们多练练，让你们在看完这本书后能真的掌握这种记忆法。

记忆文章的步骤：

①先读原文两三遍。

②找出每句的关键词。

③将关键词转化为图像，与编码或定位联系起来。

④检查并修正。

相比于现代文，文言文读起来更拗口，也更难理解，这些都会导致出图难，从而增加我们记忆的难度。

而面对这样的记忆难题，正是记忆法大显身手的时刻。你不妨找一个没有学过记忆法的同学比试一下，试试你用数字定位法能比他用死记硬背快多少。来，马上开始挑战吧！

请用定位法记忆以下文言文：

长恨歌

［唐］白居易

汉皇重色思倾国，御宇多年求不得。杨家有女初长成，养在深闺人未识。
天生丽质难自弃，一朝选在君王侧。回眸一笑百媚生，六宫粉黛无颜色。
春寒赐浴华清池，温泉水滑洗凝脂。侍儿扶起娇无力，始是新承恩泽时。
云鬓花颜金步摇，芙蓉帐暖度春宵。春宵苦短日高起，从此君王不早朝。
承欢侍宴无闲暇，春从春游夜专夜。后宫佳丽三千人，三千宠爱在一身。
金屋妆成娇侍夜，玉楼宴罢醉和春。姊妹弟兄皆列士，可怜光彩生门户。
遂令天下父母心，不重生男重生女。骊宫高处入青云，仙乐风飘处处闻。
缓歌慢舞凝丝竹，尽日君王看不足。渔阳鼙鼓动地来，惊破霓裳羽衣曲。
九重城阙烟尘生，千乘万骑西南行。翠华摇摇行复止，西出都门百余里。
六军不发无奈何，宛转蛾眉马前死。花钿委地无人收，翠翘金雀玉搔头。
君王掩面救不得，回看血泪相和流。黄埃散漫风萧索，云栈萦纡登剑阁。
峨嵋山下少人行，旌旗无光日色薄。蜀江水碧蜀山青，圣主朝朝暮暮情。
行宫见月伤心色，夜雨闻铃肠断声。天旋地转回龙驭，到此踌躇不能去。
马嵬坡下泥土中，不见玉颜空死处。君臣相顾尽沾衣，东望都门信马归。
归来池苑皆依旧，太液芙蓉未央柳。芙蓉如面柳如眉，对此如何不泪垂？
春风桃李花开夜，秋雨梧桐叶落时。西宫南苑多秋草，落叶满阶红不扫。
梨园弟子白发新，椒房阿监青娥老。夕殿萤飞思悄然，孤灯挑尽未成眠。
迟迟钟鼓初长夜，耿耿星河欲曙天。鸳鸯瓦冷霜华重，翡翠衾寒谁与共？
悠悠生死别经年，魂魄不曾来入梦。临邛道士鸿都客，能以精诚致魂魄。
为感君王辗转思，遂教方士殷勤觅。排空驭气奔如电，升天入地求之遍。
上穷碧落下黄泉，两处茫茫皆不见。忽闻海上有仙山，山在虚无缥缈间。
楼阁玲珑五云起，其中绰约多仙子。中有一人字太真，雪肤花貌参差是。
金阙西厢叩玉扃，转教小玉报双成。闻道汉家天子使，九华帐里梦魂惊。

揽衣推枕起徘徊，珠箔银屏迤逦开。云鬓半偏新睡觉，花冠不整下堂来。风吹仙袂飘飘举，犹似霓裳羽衣舞。玉容寂寞泪阑干，梨花一枝春带雨。含情凝睇谢君王，一别音容两渺茫。昭阳殿里恩爱绝，蓬莱宫中日月长。回头下望人寰处，不见长安见尘雾。惟将旧物表深情，钿合金钗寄将去。钗留一股合一扇，钗擘黄金合分钿。但令心似金钿坚，天上人间会相见。临别殷勤重寄词，词中有誓两心知。七月七日长生殿，夜半无人私语时。在天愿作比翼鸟，在地愿为连理枝。天长地久有时尽，此恨绵绵无绝期。

文章一共六十句，所以用前60个数字编码就可以记住，再加上作者和朝代的话，也就需要62个左右。

老师举例如下：

1. 汉皇重色思倾国，御宇多年求不得

定位：棍子

故事联结：我拿着棍子去打汉皇，因为他重色轻友，经常寻求倾国倾城的美女，但这也让他经常郁郁寡欢，因为这么多年都求不得。

2. 杨家有女初长成，养在深闺人未识

定位：铃儿

故事联结：杨家有个女儿刚长大成人，腰间别个铃儿，养在深闺中，外面的人都未认识几个。

3. 天生丽质难自弃，一朝选在君王侧

定位：板凳

故事联结：我坐在板凳上幻想着，"我如此天生丽质，不能放弃自己，有朝一日一定要被选在君王身边"。

4. 回眸一笑百媚生，六宫粉黛无颜色

定位：轿车

故事联结：我开着轿车，摇下车窗，对着路人回眸一笑，回到六宫后把粉色袋子做成无色透明的。

5. 春寒赐浴华清池，温泉水滑洗凝脂

定位：手套

故事联结：春天寒冷，皇帝赐给我一双手套，让我去浴池里泡温泉，用温泉水洗滑滑的肌肤。

6. 侍儿扶起娇无力，始是新承恩泽时

定位：手枪

故事联结：侍女扶起被手枪打到无力的娇娇送给皇上，由此开始她便得到皇帝的恩宠。

7. 云鬓花颜金步摇，芙蓉帐暖度春宵

定位：锄头

故事联结：金步摇—古代的一种发钗。乌黑的头发（云鬓—乌黑的头发）上插着花颜色一样的金步摇，用锄头锄开芙蓉帐篷，在里面温暖地度过春宵。

8. 春宵苦短日高起，从此君王不早朝

定位：溜冰鞋

故事联结：春宵美好，可惜太短暂，干脆睡到太阳老高，从此君王再也不穿溜冰鞋上早朝了。

9. 承欢侍宴无闲暇，春从春游夜专夜

定位：猫

故事联结：猫咪承受君王的喜欢，天天忙着侍宴，没有闲暇，春天出游还得夜夜陪在君王身边。

10. 后宫佳丽三千人，三千宠爱在一身

定位：棒球

故事联结：棒球打后宫佳丽三千人，因为三千宠爱在君王一人身上。

按照步骤来了吗？背下来了吗？快速回忆一遍每个编码所对应的图像，如有不清晰的迅速复习，然后对照原文。如果能够直接背下来就太棒了！没有背下来也是正常的，因为文言文本来就比现代文难，但是没有关系，只要我们多复习和多练习就可以了！

你们能学到现在就已经是很厉害的高手了，我为你们点赞！

如果接下来，你能用同样的方法把剩下的文章记完，那你就是妥妥的高手了！

在练习的时候，一定要注意复习。有的同学5个地点复习一次效果好，有的同学可能10个地点复习一次效果会更好，复习频率没有标准，同学们可以根据自己的需求确定。

接下来，请用数字编码（11~60）记忆剩下的文段。

总结：

_____

_____

_____

第七章 七种方法助你秒记单词

CHAPTER 7

7.1 记单词的基础和原则

我们必须了解单词记忆的难点,才能有针对性地去解决。

单词记忆的难点是什么?

枯燥无味、战线太长、方法单一。

为什么说枯燥无味呢?因为许多学生是为背而背,只是为了应付考试而背单词。他们背了又忘,忘而再背,就像和尚念经,自然是枯燥无味。

为什么说战线太长呢?如今的一般情况是,孩子从小学三年级开始学习英语,但到大学,甚至研究生毕业也不见得能把单词量提升到英语母语者小学毕业时的水平。因为每个阶段的考查任务都不多,以至于学习者无法形成体系,只能停留在背单词的阶段。

为什么说方法单一呢?因为据我了解,学生在没有学会用记忆法记单词的情况下,都会用两种方法:"狂抄法"和"狂背法"。在无数次的抄写中,在无数次的背诵中,单词会慢慢在大脑里形成记忆。**没有图像的辅助,需要重复20次以上并且遵循复习规律才会形成长久记忆**,但时间久了,记忆便容易模糊,而**有图像辅助的记忆重复7次以上并遵循复习规律便可以形成长久记忆**。

记忆单词需要做什么准备?

①**空杯心态。**

②**良好的精神状态。**

有些同学虽然知道记忆法的好处,但不愿意真正接纳这种方法。把

"死记硬背"的方法（如"狂抄法""狂背法"）压在心里，不腾出位置来，就没有办法真正学会更高效的单词记忆法。正如一个杯子中已经装了半杯脏水，如果不倒出去，就没办法装入干净的水。空杯心态正是这个道理。

此外，我们必须以最好的精神状态去学习，这样才能更加轻松、更加高效。

单词记忆的三原则。

①尊重大脑的运行规律。

②尊重复习规律。

③筛选陌生单词。

我们的大脑喜欢熟悉的事物，习惯于寻求安逸，而不会给自己找困难。我们在记忆时，应该顺应这种运行规律，让记忆单词成为大脑喜欢做的轻松、有趣的事。具体怎么做呢？就是要把抽象变成形象！

尊重复习规律也是尊重大脑的运行规律。前面我就说过一定要遵循艾宾浩斯遗忘曲线所展现出的规律进行复习，在记忆单词这种零散的知识点时，尤其要注重复习。

最后，要学会筛选陌生单词。这也是一种减轻学习负担，尊重大脑运行规律的方法。你熟悉的单词没有必要再用记忆方法去记。

单词记忆的四步法。

①读三遍，左脑熟化和优化单词（会读）。

②用记忆法记忆，注意图像化（记住意思）。

③按照记忆法把单词还原出来（会写）。

④修改记忆（有错就改）。

这就是记忆单词的四个步骤。只要我们按照这四个步骤来记忆并配合复习规律复习，记忆单词就会变得简单又轻松！你是不是已经摩拳擦掌了？是不是特别期待学习用记忆法记单词了呢？

那接下来，让我们专注起来，激活大脑，在我们的大脑里出现相应故事的图像，马上开始享受记单词的快乐吧！

7.2 字母编码

在学习记单词之前，我们必须了解单词的编码。数字有编码便能让人记住大量无规律数字或者与数字有关的知识，而单词是由字母组成的，如果我们能将字母和字母组合转化为编码，就能更好、更快地记忆单词。所以，记单词首先要记住字母编码。

字母编码分为单字母编码和复合编码。为了让你们能够快速上手，我为大家整理了26个字母和一些常见的字母组合的编码。大家需要达到的熟悉程度是，看到字母后1秒内反应出图像。

26个字母对应的字母编码图像如下：

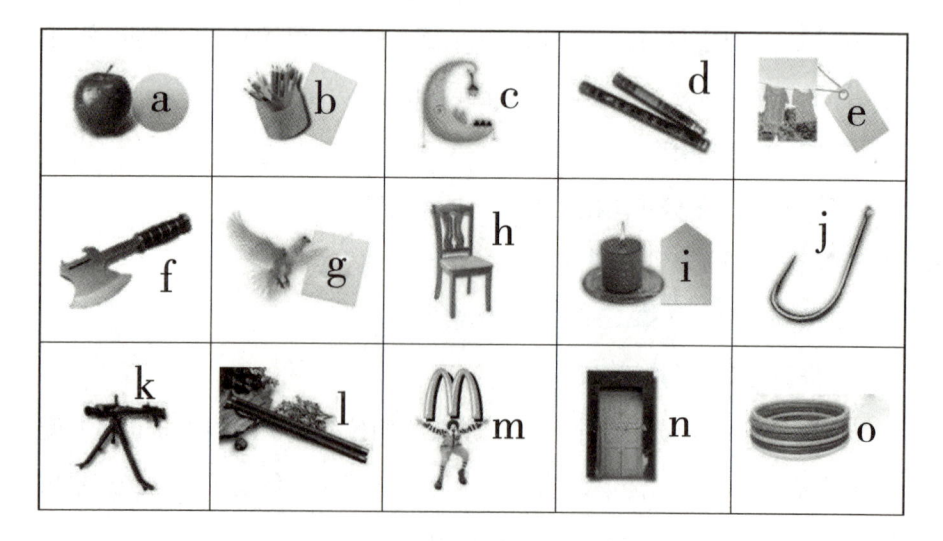

续表

p	q	r	s / t
u	v	w	x / y
z	—	—	—

越熟悉这些编码图像，对于后面的学习越有利。你们不仅要迅速记住单字母编码的图像，也要记住接下来我给你们总结好的复合编码的图像。

常用字母组合编码

字母组合	编码	字母组合	编码	字母组合	编码
ab	阿爸	ary	一人鱼	cl	成龙
ac	一次，米兰	au	遨游	co	可乐
ad	阿弟，广告	aw	一碗	com	电脑
adu	阿杜	bl	玻璃	con	虫，葱
adv	一大碗	ble	伯乐	cr	超人
al	阿郎	br	病人	cu	醋
ali	阿里	by	表演	dent	灯塔
ance	一册	ch	彩虹，吃	dis	的士
ap	苹果	cir	词人	dr	敌人
ar	矮人	cive	师傅	duce	堵车
ard	卡片	ck	刺客	dy	地狱

续表

字母组合	编码	字母组合	编码	字母组合	编码
ea	茶	gue	故意	mt	模特
ee	眼睛	gy	关羽	mul	木楼
ef	衣服	ho	猴	ne	呢
eh	遗憾	hu	湖	nt	难题
el	饮料	hy	花园	nu	努力
ele	大象	ic	IC卡	oa	圆帽
em	姨妈	ili	吊灯	ob	氧吧
ence	摁车	im	一毛	of	零分
ent	疑难题	imi	蛋糕	olo	火箭
ep	硬盘	ive	夏威夷	oo	眼镜
equ	艺曲	je	姐	op	藕片
er	儿，耳	jo	机灵	or	或
est	最	kn	困难	ot	呕吐
et	外星人	lay	腊月	ou	藕
ev	一胃	lf	雷锋	ow	灯泡
ew	遗忘	lib	李白	pa	怕
ex	易错	lm	流氓	pe	赔
ey	鳄鱼	ly	老鹰	ph	电话
fe	翻译	mb	面包	pl	漂亮
fi	父爱，飞	ment	门徒	pr	仆人
fl	俘房	mini	迷你宝马	pro	泡肉
fr	夫人	mir	迷人	pu	扑
gl	公路	mn	魔女	re	热
gr	工人	mo	魔	ry	日语

续表

字母组合	编码	字母组合	编码	字母组合	编码
se	色，蛇	sw	丝袜	ue	友谊
sh	上海	tain	太难	um	油猫
sion	绳	tele	电	ur	友人
sist	姐姐	th	天河，弹簧	ut	油条
sk	水库	tion	迅龙	var	蛙人
sl	司令	tl	铁路	vo	声音
sm	寺庙	tr	树	was	瓦斯
sp	水瓶	ture	土人	wh	武汉
squ	身躯	tw	台湾	wo	我
st	石头	ty	太阳	xo	酒
sus	宿舍	udy	邮递员	—	—

7.3 拼音法

有些单词可以直接**拆成拼音**，然后**与单词的中文意思联系起来**。汉语是我们的母语，而拼音是我们从小就学习掌握、十分熟悉的东西。所以，用拼音来记英语单词，是一种以熟记新的方法。它比较简单，容易让人接受。接下来，我们用例子来看看这种方法的神奇之处吧！

1. change [tʃeɪndʒ] *n*. 改变；*vt*. 改变，兑换

拆分：chang（嫦）+e（娥）

故事联想：**嫦娥改变**了猪八戒的命运。

2. panda [ˈpændə] n. 熊猫

拆分：pan（盘）+da（大）

故事联想：熊猫吃饭的盘很大。

3. language [ˈlæŋgwɪdʒ] n. 语言

拆分：lan（烂）+gua（瓜）+ge（哥）

故事联想：烂瓜哥会六种语言，每一种都说得很烂。

4. more [mɔː] adj. 更多的

拆分：mo（蘑）+re（热）

故事联想：我把更多的蘑菇放到微波炉里加热。

5. lake [leɪk] n. 湖泊

拆分：la（拉）+ke（客）

故事联想：我在湖泊中央开船拉客。

有没有感到惊喜或者意外？拼音记单词其实很简单，就是利用记忆法原则，用我们熟悉的拼音去记陌生的单词。接下来，你们也来试试这个简单又实用的方法吧！

1. late [leɪt] adj. 迟到

拆分：_____

故事联想：_____

2. banana [bəˈnɑːnə] n. 香蕉

拆分：_____

故事联想：_____

3. chicken [ˈtʃɪkɪn] n. 鸡肉

拆分：_____

故事联想：_____

4. Chinese [ˌtʃaɪˈniːz] n. 语文，汉语；adj. 中国的

拆分：_____

故事联想：_____

5. Sunday [ˈsʌndeɪ] *n.* 星期日

拆分：_____

故事联想：_____

感觉如何？你自己拆分的组块能不能编成很好记的故事？肯定可以的，对不对？毕竟我们的想象力那么丰富！

你们一开始不用急着记很多，要循序渐进，根据复习规律来。单词记忆不能单靠一种方法，每个人的习惯和认知不同，所以每个人适用的方法也不同。大家要先把方法都看懂了，然后经过训练融会贯通，这样才能把记单词的速度提升得越来越快！

7.4 熟词拆分法

某些单词的前面、中间或者后面有你认识的熟词，甚至整个词都是由熟词组成的，碰到这种单词，我们就要学会把熟悉的组块拆分出来，再将剩余的部分进行编码，最后与单词的中文意思编成故事联系起来。

1. housefly [ˈhaʊsflaɪ] *n.* 家蝇

拆分：house（房子）+ fly（飞）

故事联想：家蝇在我们新买的房子里飞来飞去。

2. blackboard [ˈblækˌbɔːd] *n.* 黑板

拆分：black（黑色的）+ board（板）

故事联想：黑色的板是黑板。

3. football [ˈfʊtˌbɔːl] *n.* 足球

拆分：foot（脚）+ ball（球）

故事联想：用脚踢的球是足球。

4. hesitate [ˈhezɪˌteɪt] *v.* 犹豫

拆分：he（他）+ sit（坐）+ ate（吃）

故事联想：他坐在那里犹豫到底要不要吃汉堡，因为他已经两百斤了。

5. office [ˈɒfɪs] *n.* 办公室

拆分：off（关）+ ice（冰）

故事联想：我关好冰箱，把它送到老板的办公室里。

感觉如何？是不是觉得记单词特别简单？熟词拆分记单词也遵循记忆法的原则，即用我们熟悉的词去记忆陌生的单词。这种方法非常实用且好用。接下来，请你试试自己对熟词进行拆分吧！

1. lesson [ˈlesn] *n.* 课，一节课

拆分：_____

故事联想：_____

2. basketball [ˈbɑːskɪtˌbɔːl] *n.* 篮球

拆分：_____

故事联想：_____

3. eggplant [ˈegˌplɑːnt] *n.* 茄子

拆分：_____

故事联想：_____

4. handbag [ˈhændˌbæg] *n.* 手提包

拆分：_____

故事联想：_____

5. goldfish [ˈgəʊldˌfɪʃ] *n.* 金鱼

拆分：_____

故事联想：_____

有些单词中可能只有一个熟词，剩余部分也许是单字母，也许是双字母。这种情况下，我们前面学的字母编码或者复合编码就很有用了！比如，spark（火花）这个单词我们如何拆分呢？我们可以将其拆为"s+park"。s的编码是蛇，park的意思是公园，将它们与spark的中文意思联系起来就是：蛇在公园里放火花。你看，是不是就把字母编码和复合编码用起来了？

记单词并不是那么死板的，我们无须纠结要用哪种方法，只要能迅速拆分好并记下来就可以了。

7.5 字母熟词拆分法

上一节我们提到拆分单词时，不一定都能拆成熟词，可能会剩下一些字母，这时候就需要配合使用字母编码和复合编码，这种方法叫作字母熟词拆分法。虽然拆分没有定法，但有一个原则就是组块尽量少。一般人的短时记忆容量为7±2个组块，所以如果你拆分的组块在5个以内的话，记起来就能更轻松、高效。接下来我们一起开动大脑，保持专注看看这些例子吧！

1. groom [gruːm] *n.* 新郎

拆分：g（哥）+ room（房间）

故事联想：把哥哥送进房间里打扮成新郎。

2. plant [plɑ:nt] *v.* 种植

拆分：pl（漂亮）+ ant（蚂蚁）

故事联想：漂亮的蚂蚁去种植绿植。

3. scarcity [ˈskeəsətɪ] *n.* 缺乏，不足

拆分：s（美女）+ car（汽车）+ city（城市）

故事联想：美女开汽车去大城市，汽车缺乏汽油。

4. badge [bædʒ] *n.* 标记，象征，徽章

拆分：bad（坏的）+ ge（哥）

故事联想：我有个很坏的哥哥，他身上有很多标记。

5. street [stri:t] *n.* 大街，街道

拆分：s（蛇）+ tree（树）+t（伞）

故事联想：蛇从树上拿下来一把伞，打着伞穿过了大街。

使用这种方法的主要技巧在于熟练掌握字母编码和复合编码，这样碰到陌生单词时就更容易上手。

1. want [wɒnt] *v.* 需要，想要

拆分：_____

故事联想：_____

2. question [ˈkwestʃən] *n.* 问题

拆分：_____

故事联想：_____

3. habit [ˈhæbɪt] *n.* 习惯

拆分：_____

故事联想：_____

4. eleven [ɪˈlevən] *num.* 十一

拆分：_____

故事联想：_____

5. price [praɪs] *n.* 价格

拆分：_____

故事联想：_____

相比于拼音法和熟词拆分法，这种方法的 适用性更广。因为你只要认识26个字母，并记住字母编码和复合编码，就一定能拆分并记住单词。这种方法的 上手速度很快，结合复习规律 加以训练，你一定能越用越得心应手！

7.6
谐音法

拼音法中，我们将单词拆分并转化成中文拼音，而谐音法是不强拆单词，直接按照整个单词的读音去找相近的中文，进而联想到某个图像或画面，从而把单词记住。由于使用的是"近似"的方法，所以要注意：如果你能根据单词的读音想到画面，但不能把单词全拼对，那尽量不要用这种方法；如果你对单词很熟悉，只是记不住发音，只要知道读音就能拼写出来，那就可以直接用。谐音法不用进行拆分，可以有效提高你记单词的效率。

1. ambulance [ˈæmbjələns] *n.* 救护车

谐音：俺不能死

故事联想：俺不能死，赶紧帮我叫 救护车。

2. ambition [æmˈbɪʃən] *n.* 野心

谐音：俺必胜

故事联想：我有 野心，我觉得 俺必胜。

3. global [ˈgloʊbəl] *adj.* 全球的，全世界的

谐音：**哥搂抱**

故事联想：**哥搂抱全球的**朋友。

4. vacation [veɪˈkeɪʃən] *n.* 假期

谐音：**我开心**

故事联想：**假期**到了，**我开心**得很。

5. avenue [ˈævəˌnu] *n.* 林荫道，大街

谐音：**爱喂牛**

故事联想：我特别**爱喂牛**，经常把牛送到**林荫道**上。

这个方法是不是特别简单？就是从读音联想到相似的中文，然后将其转化为图像，与中文意思联结起来就可以了。我再次强调一下，只有对单词比较熟悉，**能根据读音想到单词的拼写时，这种方法才是最有效的**。我们的目的是用**最简单、有效的方法达到最快速、最高效的记忆**！

7.7 形似归纳法

细心的同学可能已经发现了，一些单词相互间只差一两个字母，拼写相似度极高。根据这一规律，我们可以将这些单词归纳总结起来一起记忆。不过，归纳总结的过程比较烦琐和耗时，因此同学们可以参考一些单词记忆的书籍，直接记忆作者总结好的单词。

下面是一些例子，你们来试试看！眼睛不要眨，保持专注，开始！

A类——羊肉串

1. good [gʊd] *adj.* 好的

g（鸽子）+ood

2. mood [muːd] *n.* 心情

m（麦当劳）+ood

3. food [fuːd] *n.* 食物

f（斧头）+ood

4. wood [wʊd] *n.* 木头

w（皇冠）+ood

5. hood [hʊd] *n.* 头巾

h（椅子）+ood

6. blood [blʌd] *n.* 血

bl（玻璃）+ood

7. flood [flʌd] *n.* 洪水；v. 淹没，使泛滥

fl（俘虏）+ood

故事联想：我们家养了一只极好的鸽子。鸽子怀着美好的心情去吃麦当劳。它吃着吃着觉得麦当劳这种食物实在太硬了，就拿出斧头劈开。劈开之后发现里面有一个木头人，它头上还戴着皇冠。皇冠底下藏着一条头巾，把头巾拿出来擦椅子上的血，把这些血擦到玻璃上，玻璃一下子就破了，涌进很多洪水，把我们都冲成了俘虏。

注意：尽量以一个比较熟悉的单词开头。这样联结下来，我们的大脑中会形成一系列清晰的图像，然后复习还原一下，我们就能记住了！你们现在肯定又有另外一个问题了，上面的这个例子就只是开头差一两个字母，如果中间或者其他位置也差了字母怎么办？其实，方法大同小异！那接下来，我就再举个例子给你们熟悉熟悉这种方法。

B类——滚雪球

1. scar [skar] *n.* 伤疤

s（美女）+car（汽车）

2. scare [sker] *v.* 惊吓

s（美女）+car（汽车）+e（额头）

3. scarce [skers] *adj.* 罕见的，稀少的

s（美女）+car（汽车）+ce（厕所）

4. scarf [skarf] *n.* 围巾

s（美女）+car（汽车）+f（斧头）

故事联想：脸上有伤疤的美女开汽车在路上撞到了一个人，把自己惊吓到了，额头撞到了方向盘上，在额头上留下了一个罕见的印子。她赶紧跑到厕所照镜子，用围巾包扎，围巾下面还绑着一个斧头。

注意：用这种滚雪球的方式去记单词，也是把不同部分给拆分出来，然后进行联结。它也能帮助我们归纳总结，并快速记住单词。

形似归纳法是很好用的，不仅能锻炼我们的归纳总结能力，还能够让我们迅速记住大量形似的单词。到目前为止，我已经给你们讲了好多种方法了，你们拿到单词要迅速去看如何拆分，不要过于纠结选用哪种方法！

7.8 前后缀法

在英语中，前缀和后缀会改变单词的意义和词性。比如，在一个名词后加后缀，可以让它变成形容词、副词等。记住一些常用的前缀和后缀可以迅速地扩充我们的词汇量，并且让我们对单词的理解更深刻。废话不多说，我们直接上例子，保持专注，马上开始！

care [keə] *n.* 注意，照料；*vi.* 关心，顾虑

1. careful *adj.* 小心的，仔细的

2. carefully *adv.* 小心地，谨慎地

3. careless *adj.* 粗心的，疏忽的

4. carelessness *n.* 粗心，疏忽

如何记住这些后缀呢？可以使用前面提到的拼音、谐音、字母编码等方法。比如，ful—俘虏或者福利、ly—轮椅、less—少的、ness—拿蛇等。那么，如何记住加上后缀之后的整个词呢？是的，用字母熟词拆分法即可。

agree [əˈgri] *v.* 同意

1. agreeable *adj.* 愉快的

2. agreement *n.* 同意

3. disagree *vi.* 不同意

4. disagreeable *adj.* 不愉快的

5. disagreement *n.* 意见不同

一些单词既有前缀，又有后缀，那么就要先记住主体词汇的意义，再把其他的拆分出来，用组块编成一个故事。英语单词记忆本身就是灵活多变的，所以大家要尽量让自己的脑瓜子活起来！大家加油，坚持到底就是胜利，你很快就会成为一个记忆高手的！

7.9 综合法

综合法就是把前面我说过的方法综合起来使用。你们需要做到看到一个单词，能够立马进行拆分，然后出图记住，不纠结究竟要用哪种方

法。这是一种能力，而且是需要经过训练才能得到的一种能力。接下来我给出5个单词，请你们直接来试试！马上开动大脑吧！

1. consternation [ˌkanstərˈneɪʃən] *n.* 惊愕，恐怖

   拆分：_____

   故事联想：_____

2. certificate [səˈtɪfɪkɪt] *n.* 证书；*vt.* 发给证明书

   拆分：_____

   故事联想：_____

3. badminton [ˈbædmɪntən] *n.* 羽毛球

   拆分：_____

   故事联想：_____

4. menu [ˈmenjuː] *n.* 菜单，菜谱

   拆分：_____

   故事联想：_____

5. January [ˈdʒænjuərɪ] *n.* 一月

   拆分：_____

   故事联想：_____

你能成功拆分并出图吗？一开始尝试时花的时间久一些没关系，毕竟前面学了这么多种方法，脑子并不能一下全部反应出来，还要斟酌斟酌。没关系，多练练就好了！记忆法就是练出来的！

这么好玩的挑战，一定要再来几个！

1. March [maːtʃ] *n.* 三月

   拆分：_____

   故事联想：_____

2. party [ˈpaːtɪ] *n.* 聚会，晚会

   拆分：_____

故事联想：_____

3. twelfth [twelfθ] *num.* 第十二

折分：_____

故事联想：_____

4. festival [ˈfestɪvəl] *n.* （音乐、戏剧等的）节，节日

折分：_____

故事联想：_____

5. there [ðeə] *adv.* （在）那里

折分：_____

故事联想：_____

方法大家已经学得差不多了。接下来，给大家介绍一些记单词时的注意事项。

记忆单词的注意事项

○记忆时应集中精神，否则不能达到最佳记忆效果。

○右脑记忆抗遗忘能力强，但不意味着不用重复，适当复习效果佳。

○请严格按照步骤和计划来学习。

○用右脑记忆可以更快达到永久记忆的效果。

在记忆单词时，一般右脑记忆比左脑记忆的过程更复杂些，因为左脑负责语言和声音，读一遍音标明显比编码和图像化的过程要简单些。但是，左脑记忆容易遗忘，记了忘，记了忘，这使很多人失去了记忆的信心。右脑记忆单词需要编码和图像化，抗遗忘能力特别强，经过较少次数的复习，即可达到永久记忆的效果。

○切记右脑记忆绝不是用复杂的方法去记忆简单的词汇，而是用简单的方法去记忆复杂的词汇。

○不要妄想一次性就把新单词的方方面面完全记住。请大家记住：**不要在一个单词上一次性花太多时间，而要在一个单词上多次花少量的时间。**

> 我们在记忆单词时要把熟词筛选出来，只去记忆陌生的单词。方法：遮住中文意思，看单词，把一下子就能想起正确意思的单词用铅笔画掉，画到看不见为止，然后去记忆剩下的陌生单词！
>
> （记忆学原理：大脑本能地喜欢记忆自己熟悉的东西，排斥记忆不熟悉的东西。）

> 在这里有必要指出，记新单词时，不要想一下子就把单词的拼写、音标、中文意思等全部记下来。如果这样，记住一个新单词，就会花去几分钟甚至更多的时间。事实是，即使你花了大量时间去记忆一个新单词，它还是会很快地被遗忘。你记忆单词的信心和恒心都会因此受挫。

假如记忆一个单词有如下两种方式：

方式一：一次性花10分钟记忆，在10个月内都不再见到它；

方式二：每一次花1分钟记忆，每月记忆一次，一年内记忆10次。

哪一种记忆方式的效果更好？我想，聪明的学习者会选择第二种方式。

> 更加致命的是，我们的注意力很难长时间集中在一个点上。如果你记忆一个单词就要花几分钟，那么开始的一两分钟你的注意力可能很集中，当你进行一段时间和尚念经式的记忆之后，你会变得心不在焉。即使你的手还在不停地写、嘴巴还在不停地念，也只是机械式地进行，这既花时间又花精力，

效果却不好。由此可见，一次性花太多时间记忆一个新单词，会导致两种不好的结果：

　　A. 你没有足够的时间记忆更多的单词；

　　B. 你要不断承受自己难以集中注意力的压力。

　　那种认为一天背5个，一年就能背1825个的想法是不现实的。别忘了，我们遗忘的速度比记忆的速度更快。正确的方法是，在一个单词上花较少的时间，一次记大量的单词，并且按照复习规律复习。

英语单词复习计划

根据遗忘规律制订的单词周复习计划表：

时间	第一天	第二天	第三天	第四天	第五天	第六天	第七天
早上	**Part1**	Part1 **Part2**	Part1 Part2 **Part3**	Part1 Part2 Part3 **Part4**	Part1~4	Part1~4	七天成果检验
晚上	Part1	Part2	Part3	Part4			

备注：

○每一部分（Part）为60个单词。

○加粗字体为当天需要记忆的新单词，其余为复习单词。

○记忆新单词时，每个单词的用时不超过40秒（30秒为宜），10分钟后必须迅速复习一次。

○晚上复习当天记忆的新单词时，每个单词用时10秒。同样，第二天、第三天复习旧单词时，每个单词的用时也是10秒。

图像记忆
大脑喜欢你这样记

○记忆单词的时候，遇到不太好记的单词，需要自己拆分单词编小故事，并且尽量把单词的意思放在故事的开头或者结尾，这样会更容易记忆。

第八章

CHAPTER 8

七大方法速记古诗词

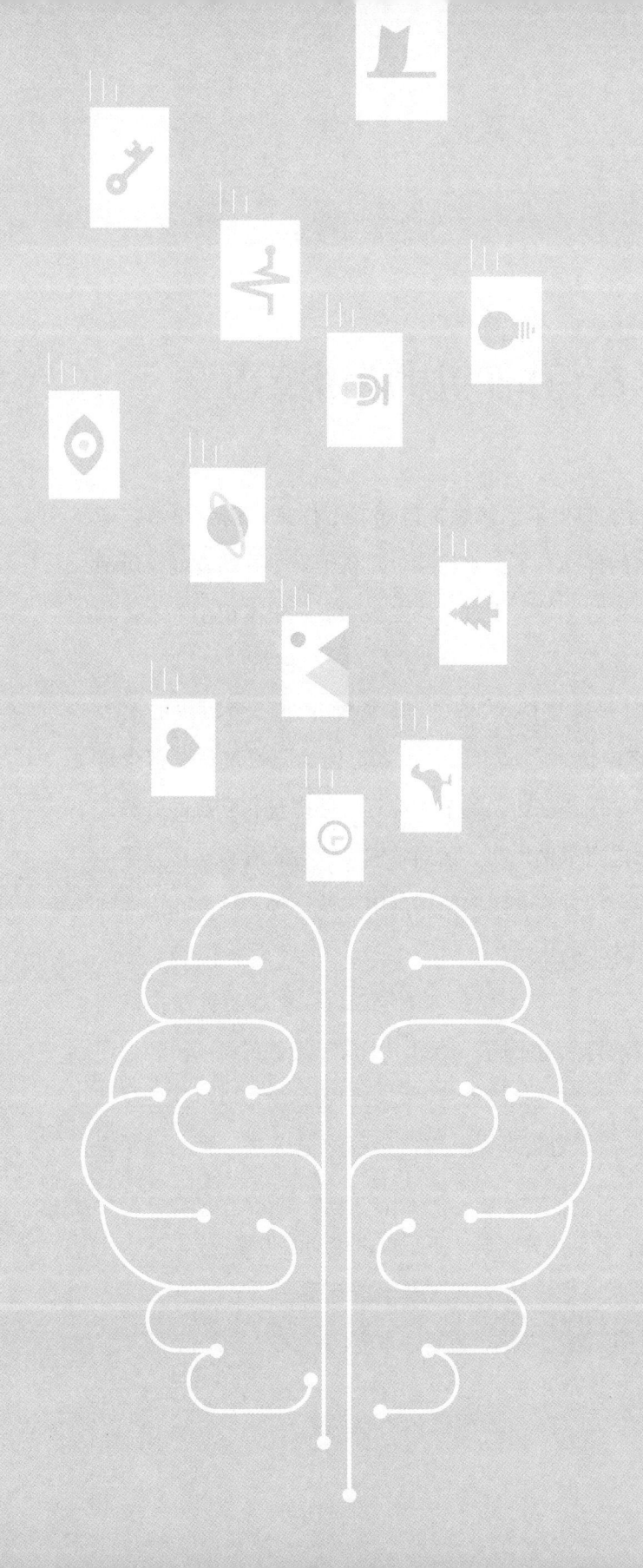

8.1 记忆古诗词的原则和技巧

中小学阶段,同学们少不了接触古诗词。不仅是课内会学习,课外也会读到许多有名的佳作。不少家长甚至让孩子早早开始背诵《唐诗三百首》和《宋词三百首》等。不过,许多孩子不是根本记不下来,就是当时记住但很快就忘了。

记忆法可以同时解决这两个问题。本章将介绍三个板块的七大方法:定位法(数字定位、字母定位、地点定位、题目定位、情景定位)、字头歌诀法和画图记忆法。每个人都有自己擅长和喜欢的方法,我会对每一种方法都进行举例说明,请同学们实践后看看自己适合哪一种。大家应尽量掌握全部方法并集中使用其中的两三种,这样无论遇到哪首诗都能快速找到应对方法。

无论使用哪种方法,你都需要在大脑里呈现出图像。针对古诗词类型的不同,用的方法自然也不同。例如:比较熟悉的古诗词,我们可以直接用字头歌诀法;如果碰到的古诗词是陌生的,就可以用定位法;而如果对古诗词的理解能力较差,可以使用画图记忆法,**画出图像去记忆**。

在开始实践之前,我们先来了解一下记忆古诗词的步骤:
①通读全文两三遍,让我们的左脑先熟悉古诗词。
②找关键词(拗口的地方考虑进行转换)。
③联结出图。

④联想译文（用记忆方法还原）。
⑤对照修正。
⑥科学复习（一定要尊重复习规律）。

8.2 数字定位记古诗词

数字定位其实就是用数字编码来定位，记住了**数字编码，再结合复习方法**就很容易上手了。让我们直接开始练习吧！

浪淘沙

［唐］刘禹锡

九曲黄河万里沙，浪淘风簸自天涯。

如今直上银河去，同到牵牛织女家。

译文：九曲黄河从遥远的地方蜿蜒奔腾而来，一路裹挟着万里的黄沙。你从天边而来，如今好像要直飞上高空的银河，请你带上我扶摇直上，一同到牛郎和织女的家里做客吧！

这首诗共四句，加上标题和诗人可归纳为六个部分，所以我随机地选用40~45的数字编码来定位记忆。首先，找出各个部分的关键词并做一些转化（五个精灵和八大要素）；其次，出图并定位到数字编码上。

1. 浪淘沙

关键词转化：**浪**—浪花、**淘沙**

定位：**40—司令**

故事联结：**司令**在**浪花**上**淘沙**子。

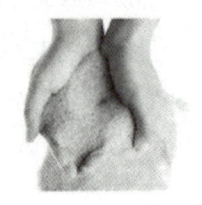

2. [唐] 刘禹锡

关键词转化：唐—糖、刘—留、禹锡—预习

定位：41—蜥蜴

故事联结：蜥蜴吃完糖就留下来预习。

3. 九曲黄河万里沙

定位：42—柿儿

故事联结：我吃着柿儿在九段弯曲的黄河边踩在万里长的沙地上。

4. 浪淘风簸自天涯

关键词转化：浪淘—浪涛、风簸—风波、自天涯—紫田鸭

定位：43—石山

故事联结：石山边卷起了浪涛和风波，吹走了紫田鸭。

5. 如今直上银河去

关键词转化：直—直升飞机、银河

定位：44—蛇

故事联结：蛇如今坐直升飞机上银河去了。

6. 同到牵牛织女家

关键词转化：同到—通道、牵牛织女家

定位：45—师傅

故事联结：师傅从通道过去就可以看到牵牛织女家了。

我们记忆的时候不一定要画出图来，可以直接在我们的**大脑里呈现出图像**。这个过程不仅能让我们**快速地记忆文章，还可以培养我们的想象力**！既然方法已经教你们了，那么接下来你们就可以尝试一下应用了。最好用计时器计时，看看自己用这种方法大概要多久能记下来一篇古诗！

需要的工具是：笔（用来画关键词）、计时器。

马上开始吧！

舟过安仁

［宋］杨万里

一叶渔船两小童，收篙停棹坐船中。

怪生无雨都张伞，不是遮头是使风。

译文：一只渔船上，有两个小孩子，他们收起了竹竿，停下了船桨，坐在船中。怪不得没下雨他们就张开了伞，原来他们不是为了遮雨，而是想利用伞当风帆前进啊！

你们可以随机找10首陌生的古诗，然后用同样的方法进行训练。记住一定要计时，并且在脑海里呈现出图像。看一下是不是一次比一次用时少。

8.3 字母定位记古诗词

字母定位其实就是字母编码定位，即利用字母编码去定位，然后记忆。它的原理和数字编码一样。字母编码我也已经分享给你们了，你们在记忆的过程中只要结合记忆法和复习规律就行。当然，想要熟练运用，肯定要进行训练。废话不多说，我们直接开始记古诗吧！

石灰吟

［明］于谦

千锤万凿出深山，烈火焚烧若等闲。

粉骨碎身全不怕，要留清白在人间。

译文：（石灰石）只有经过千万次锤打才能从深山里开采出来，它把熊熊烈火的焚烧当作很平常的一件事。即使粉身碎骨也毫不惧怕，甘愿把一身清白留在人世间。

我用字母A~F来记忆这首诗。这一篇是非常容易出图像的，所有词基本都可以用。

1. 石灰吟

关键词转化：**石灰**

定位：*A—苹果*

故事联结：**苹果**扔进**石灰**堆里。

2. ［明］于谦

关键词转化：**明—小明、于谦—鱼前**

定位：*B—笔*

故事联结：拿着**笔**的小**明**走到**鱼前**。

3. 千锤万凿出深山

关键词转化：**千锤万凿、深山**

定位：C—月亮

故事联结：在吸收了月亮精华后感觉能量满满，拿起斧头千锤万凿凿出了一片深山。

4. 烈火焚烧若等闲

关键词转化：烈火焚烧、等闲—闲等

定位：D—笛子

故事联结：点燃的笛子让房间里烈火焚烧，发现房间有人后，不能闲等着了，赶紧救人！

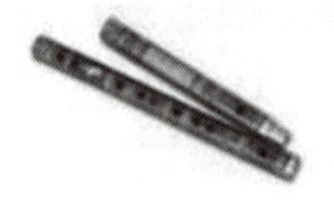

5. 粉骨碎身全不怕

定位：E—衣服

故事联结：穿着厚衣服，即使有粉骨碎身的危险也全不怕。

6. 要留清白在人间

定位：F—斧头

故事联结：用斧头去维护自己的清白，要留清白在人间。

再次强调：我给出图像不是为了让你们画出来，而是示意你们要**在脑海里出图**。

接下来，直接开始训练！

芙蓉楼送辛渐

[唐] 王昌龄

寒雨连江夜入吴，平明送客楚山孤。

洛阳亲友如相问，一片冰心在玉壶。

译文：迷蒙的烟雨，连夜洒遍吴地江天；清晨送走你，孤对楚山离愁无限！朋友啊，洛阳亲友若是问起我来，就说我依然冰心玉壶，坚守信念！

8.4 地点定位记古诗词

用地点定位记古诗词，就是把古诗词中的关键词挑出来，转化为图像，然后与我们所找的地点联系起来。它跟前面所用的定位法其实是一样的，只不过定位换了而已。还是之前的房间，我们再用它来记古诗词。

1. 右沙发　2. 茶几　3. 左沙发　4. 门　5. 柜子
6. 台阶　7. 扶手　8. 电视机　9. 灯光墙　10. 储物柜

元　日

［宋］王安石

爆竹声中一岁除，春风送暖入屠苏。

千门万户曈曈日，总把新桃换旧符。

译文：阵阵轰鸣的爆竹声中，旧的一年已经过去；和暖的春风吹来了新年，人们欢乐地畅饮着新酿的屠苏酒。初升的太阳照耀着千家万户，他们都忙着把旧的桃符取下，换上新的桃符。

首先，找出关键词并转化为图：

元日—圆圆的太阳；

宋—松树，王安石—王八被按在石头上；

爆竹—鞭炮，一岁—一岁的儿童；

春风，暖—暖炉，屠苏—图书；

千门—千扇门，万户—万扇窗户，曈—同学；

新桃—新鲜的桃子，旧符—旧的符。

然后，将图与地点联结起来。

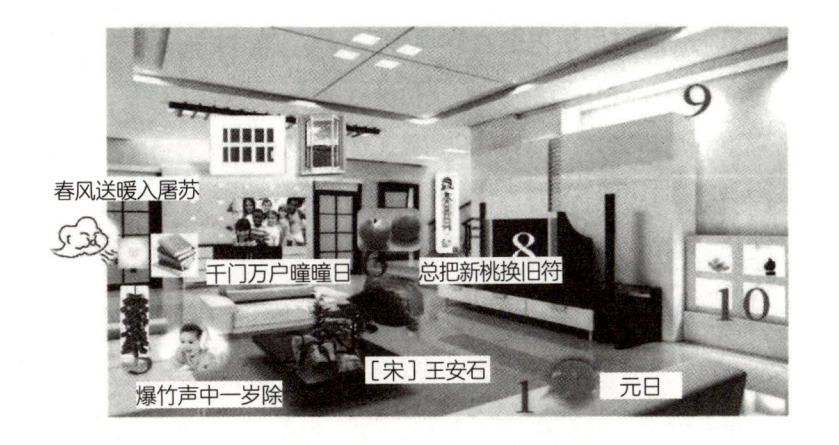

这里利用的是我之前找的地点，你们想要记住更多的古诗词，就只能自己去找更多的地点了！记完之后要记得复习呀！

请大家利用自己找到的地点来记忆下面的古诗，注意记录记忆时间并及时复习！

牧 童

［唐］吕岩

草铺横野六七里，笛弄晚风三四声。

归来饱饭黄昏后，不脱蓑衣卧月明。

译文：辽阔的草原像被铺在地上一样，四处都是草地，晚风中隐约传来牧童断断续续悠扬的笛声。在吃饱晚饭后的黄昏时分，牧童放牧归来，他连蓑衣都没脱，就躺在草地上看天空中的圆月。

8.5
题目定位记古诗词

题目定位跟其他的定位法原理是一样的，只不过改用题目当作记忆宫殿。题目定位不仅可以用来记古诗词，对于政史地等科目的知识点的记忆帮助也非常大。废话不多说，我们直接来看步骤，然后在实践中学习！

步骤：

①通读全文并理解意思。

②把题目的字转化为图像。

③找出每句诗的关键词并转化为图像，再和题目转化的图像对应联系起来。

④还原诗句。

⑤对照修正。

己亥杂诗

[清] 龚自珍

九州生气恃风雷，万马齐喑究可哀。

我劝天公重抖擞，不拘一格降人才。

译文：只有狂雷炸响般的巨大力量才能使中国大地焕发出勃勃生机，毫无生气的社会政局终究是一种悲哀。我奉劝上天重新振作精神，不要拘泥一定规格以降下更多的人才。

将题目转化成定位：己—自己，亥—害，杂—复杂，诗—诗人。

找出关键词，并转化：

九州——救走，生气，恃—四，风，雷；

万马—万匹马，齐，究，哀—悲哀；

劝天公，重抖擞—吃豆薯；

不拘一格，降，人才。

定位：己—自己

故事联结：自己没被救走，很生气地拿起四个带风的手雷。

定位：亥—害

故事联结：一匹马被害死了，万匹马齐齐发出声音，终究很悲哀。

定位：杂—复杂

故事联结：心情复杂的我劝天公吃豆薯重新振作。

定位：诗—诗人

记忆：诗人龚自珍去招聘，不拘一格降低标准选用更多人才。

同学们，学会这种方法了吗？这时候你们肯定会想问一个问题：这篇文章的题目是有四个字可以对应的，那如果碰上题目字少的文章怎么办？那如果又碰到题目字多的文章又该怎么办？接下来，我用一个例子解决你的问题！

竹 石

［清］郑燮（xiè）　→ 竹、子 石、头

咬定青山不放松，立根原在破岩中。

千磨万击还坚劲，任尔东西南北风。

字少的可以直接将题目拆分为你所需的组块；字多的可以直接用前面几个字或者组成词对应诗句也是没问题的。 好了，我们已经解决了这一问题，接下来就是实践应用了！

开始实践！

浣溪沙·游蕲水清泉寺

［宋］苏轼

山下兰芽短浸溪，松间沙路净无泥。潇潇暮雨子规啼。

谁道人生无再少？门前流水尚能西！休将白发唱黄鸡。

译文：山脚下刚生长出来的幼芽浸泡在溪水中，松林间的沙路被雨水冲洗得一尘不染。傍晚，下起了小雨，布谷鸟的叫声从松林中传出。谁说人生就不能再回到少年时期？门前的溪水还能向西边流淌！不要在老年感叹时光的飞逝啊！

8.6 情景定位记古诗词

情景定位法就是找一组情景地点，然后**与古诗词直接定位联系**起来。我们的语文课本里，基本**每首古诗词都有个背景**，那个**背景就可以当作地点使用**。

步骤:

①通读全文并理解意思。

②在情景图中标注地点。

③找出每句的关键词并转化为图像,再和情景图中的地点联系起来。

④还原诗句。

⑤对照修正。

清 明

[唐] 杜牧

清明时节雨纷纷,路上行人欲断魂。

借问酒家何处有?牧童遥指杏花村。

译文:江南清明时节细雨纷纷飘洒,路上的行人个个落魄断魂。借问当地之人何处买酒浇愁,牧童笑而不答遥指杏花山村。

在情景图中标注地点,如下图:

那我们来看一下如何转化并和地点联结吧!

只要想清楚每个定位自己放了什么图像、是如何联结的,就可以迅速记住!如第一个地点:清明的那天,我看见河岸旁飘着木头,木头上

还长了很多糖。每一句古诗转化为图像之后，都与情境地点联系起来，那么每当我们想到这一个地点，就能迅速想起图像并回忆起这句古诗。

8.7
字头歌诀法记古诗词

字头就是指每句古诗词的头一个字。把题目、朝代、作者与古诗词每一句的头一个字都转化为图像，然后联系起来，编成一个小故事直接记忆，这就是字头歌诀法。

字头歌诀法适用于你比较熟悉的古诗词。当出现串古诗词的情况时（有的学生背着背着就背到其他古诗去了），字头歌诀就可以起到提示作用，确保自己是完全背对的。

江 雪

［唐］柳宗元

千山鸟飞绝，万径人踪灭。

孤舟蓑笠翁，独钓寒江雪。

译文：所有的山，飞鸟全都绝迹；所有的路，不见人影踪迹。江上孤舟，渔翁披蓑戴笠；独自垂钓，不怕冰雪侵袭。

接下来，我们找出字头（包括题目、朝代、作者），并把古诗的**题目、朝代、作者和每句诗的头一个字联系**起来。

我们可以想到一个这样的画面：

江边下着**雪**，吃着**糖**的**柳宗元**在感慨自己接下来要**千万**年**孤独**下去了！

是不是很方便？不仅知道题目，还知道朝代、作者，并且我们在背的时候还不会串诗。不过这种方法只适合看到诗的头一个字就能立马想起来一整句诗的情况，一定要具体情况具体分析，不要盲目使用！

8.8 画图法记古诗词

顾名思义，画图法就是画出图来辅助记忆。一般情况下，三年级以上的同学基本就不用画图法了，因为他们已经能在大脑里直接呈现出图像，而一二年级的小朋友就需要画出来。

画图法步骤：

①通读两遍并理解意思。

②找出诗句关键词，绘制简单图画（整体图、分格图、线路图）。

③对照原诗，看图背诵诗句。

④绘图记在脑海，脱图背诵诗句。

⑤对照修正。

西江月·夜行黄沙道中

[宋]辛弃疾

明月别枝惊鹊，清风半夜鸣蝉。

稻花香里说丰年，听取蛙声一片。

七八个星天外，两三点雨山前。

旧时茅店社林边，路转溪桥忽见。

译文：天边的明月升上了树梢，惊飞了栖息在枝头的喜鹊。清凉的晚风仿佛传来了远处的蝉叫声。在稻花的香气里，人们谈论着丰收的年景，耳边传来一阵阵青蛙的叫声，好像在说着丰收年。

天空中轻云飘浮，闪烁的星星时隐时现。山前下起了淅淅沥沥的小雨。从前那熟悉的茅店小屋依然坐落在土地庙附近的树林中。山路一转，曾经那记忆深刻的溪流小桥呈现在眼前。

关键词：

夜行；

明月，别枝，惊鹊；半夜，鸣蝉；

稻花，说丰年；听取，蛙声；

星，天外；雨山，前；

旧时；转，溪桥，忽见。

把关键词转化为图像！

我们可以看到，下页的图像是有规律、有路线的。记东西的时候无序，那便记不住，所以我们画图的时候也要尽量让自己画得有序，这样我们记忆的速度才快、效率才高。

你肯定想问，只有这一种顺序吗？不，还有其他的顺序，我再举一个例子给你们看看。你们在记忆的时候可以选择自己喜欢的路线或者模

式去画!

独坐敬亭山

［唐］李白

众鸟高飞尽,孤云独去闲。

相看两不厌,只有敬亭山。

译文:群鸟高飞无影无踪,孤云独去自在悠闲。你看我,我看你,彼此之间两不相厌的,只有我和眼前的敬亭山了。

转换出的图像如下:

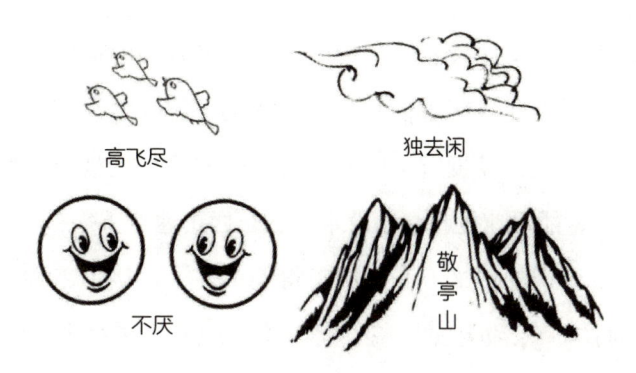

这种画图方式，就像用一个二维坐标轴，把内容分为四个部分。如果你画图特别快，画图记古诗词将是一个非常好的选择。再次强调，记忆时一定要**注重复习规律**。

接下来我们开始实践，看看自己画的是否特别容易让自己记住。

天净沙·秋

［元］白朴

孤村落日残霞，轻烟老树寒鸦，一点飞鸿影下。

青山绿水，白草红叶黄花。

译文：太阳渐渐西沉，已衔着西山了。天边的晚霞也开始逐渐消散，只残留几分黯淡的色彩，映照着远处安静的村庄拖出那长长的影子，是多么的孤寂。雾淡淡飘起，几只乌黑的乌鸦栖息在佝偻的老树上。远处的一只大雁飞掠而下，划过天际。山清水秀，霜白的小草、火红的枫叶、金黄的花朵，在风中一齐摇曳着，颜色近乎妖艳。

请在下面的框中画出图画：

画图记古诗词是比较容易掌握的，但如果画图的速度较慢，肯定比较浪费时间。所以建议同学们每一种方法都了解，但只把自己觉得最容易掌握并且能以最快速度背下一首古诗词的方法练到极致。期待同学们成为记忆高手，能迅速把自己想背下来的东西迅速背下来！

好了，古诗词的记忆方法已经讲得差不多了，接下来就是实践锻炼了。相信你们每个人都能最少掌握两种方法，能应对各种古诗词的记忆。

古诗词记忆注意事项

○记忆时集中注意力，不可心猿意马，否则不能达到最佳记忆效果。
○右脑记忆抗遗忘能力强，但不意味着不用重复，适当复习效果佳。
○请严格按照步骤和计划来学习。
○用右脑记忆可以达到永久记忆的效果。
○少量多次。
○记完一部分后，过了10分钟必须复习一遍。

> 记忆古诗词时要把熟悉的古诗词筛选出来，然后去记忆陌生的古诗词。如果碰到比较熟但是有可能会记串的古诗词，必须用字头歌诀法连一下。

古诗词复习计划

根据遗忘规律制订的古诗词周复习计划表：

时间	第一天	第二天	第三天	第四天	第五天	第六天	第七天
早上	Part1	Part1 Part2	Part1 Part2 Part3	Part1 Part2 Part3 Part4	Part1~4	Part1~4	七天成果检验
晚上	Part1	Part2	Part3	Part4			

备注：
○每一部分（Part）为20首古诗词。
○加粗字体为当天需要记忆的新古诗词，其余为复习。
○记忆新古诗词时，每首用时不超过3分钟，2分钟为宜，背完10分钟后必须迅速复习一次。

○晚上复习当天记忆的新古诗词时，每首用时1分钟以内；第五天复习前四天记忆的80首古诗词时，每首用时1分钟，第六天时则用时30秒以内。

第九章

CHAPTER 9

思维导图——最高效的学习工具

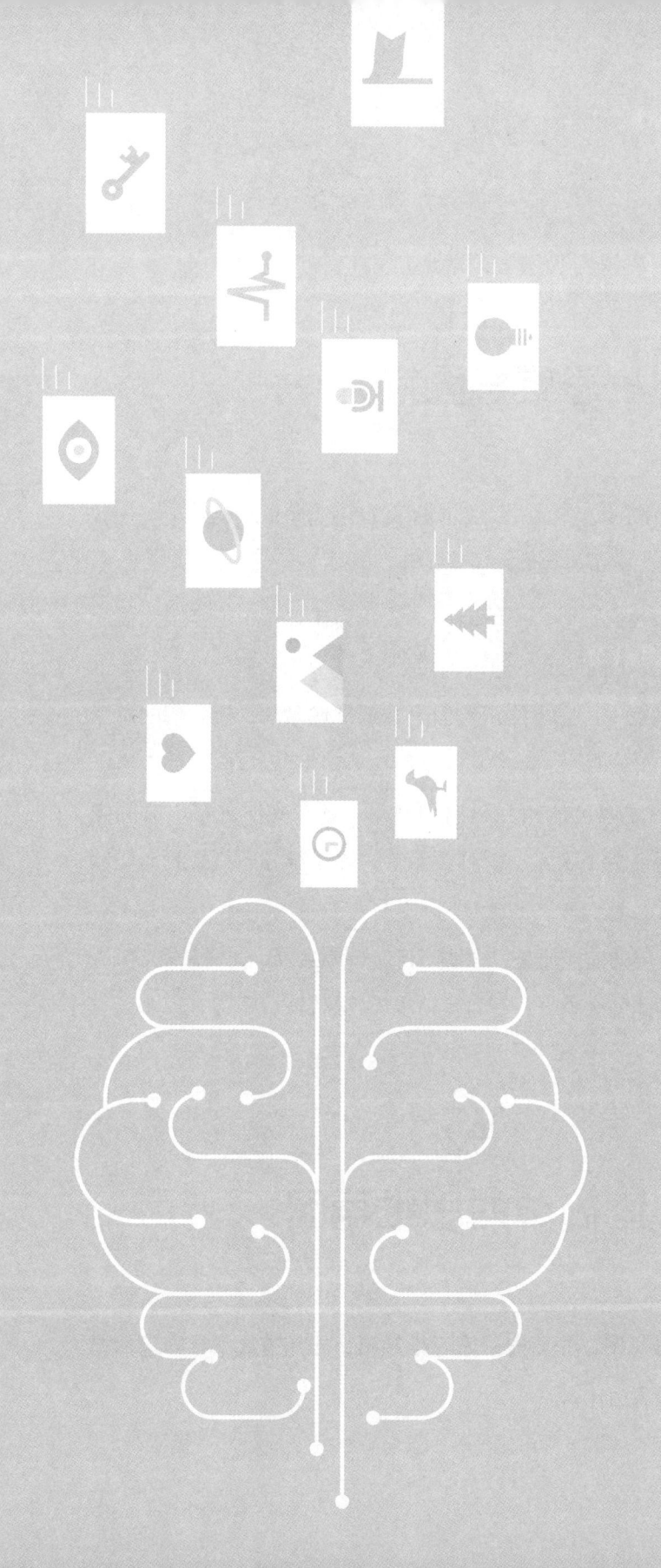

9.1 思维导图简介

思维导图（Mind Map）是一种帮助大脑思考的图形化思维工具。托尼·博赞是完善并推广思维导图的重要人物。

思维导图能为我们**指明思考的方向**，让我们在思考中不至于跑偏，将思维集中在最关键的问题上。

而在思考的过程中，它还能帮我们更好地**把握全局**，使我们的思考更具有整体性、主次分明。

不同思考内容之间可能相互影响和制约，存在主次关系、时间先后关系、空间关系、因果关系、并列关系等，而思维导图能帮我们**厘清关系**。

思维导图最重要的功能便是：**指明方向、把握全局、厘清关系**。

那思维导图具体怎么画呢？下面我一步步教你们。

9.2 画简单的思维导图

要想会画思维导图，先要能读懂思维导图，能知道这个导图包括哪些内容，这个图想表达什么。

思维导图阅读规则：

主体阅读：中心图、主干分支。

主干阅读：顺时针、右上角开始。

分支阅读：从上到下。

文字阅读：从左到右。

以下图为例，先看中心图（思维导图规则），二看分支（准备、中心图、线条），三看每个主干分支的内容（如第一个主干分支是准备材料，包括笔和纸，笔又包括中性笔和水彩笔，纸是A4纸）。

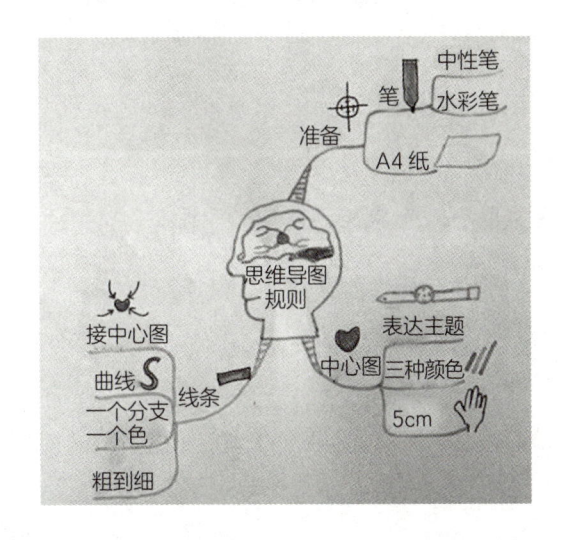

怎么样？会看简单的思维导图了吗？请大家试试能不能看懂下面的思维导图。

我们已经学会了读图，接下来就可以学画图了。先学着画个框架，框架不是思维导图的核心，重点还是在内容的整理上。

手绘思维导图的重要性：

①锻炼动手能力，刺激大脑思考。

②让思维更自然、活跃。

③提高对信息的敏感度。

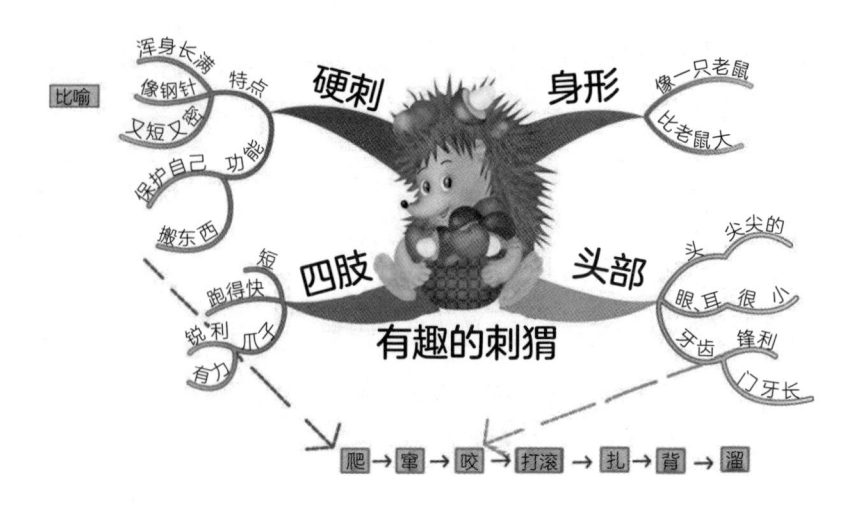

④提升颜色识别与分析力。

⑤提高绘制技巧。

⑥直接刺激大脑有效想象与创造。

⑦集中注意力，强化记忆。

画线条的6个要求：

要求1：律动的曲线。

线条不能是死板的，而应是灵活的，像我们大脑的神经一样。

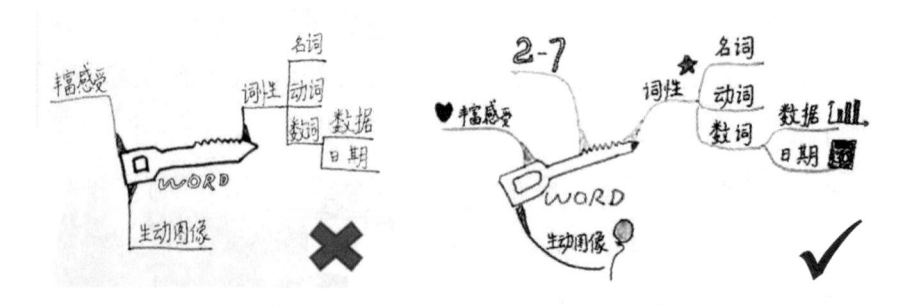

要求2：从粗到细。

线条也应像我们的大脑神经一样，从粗到细延伸出来。

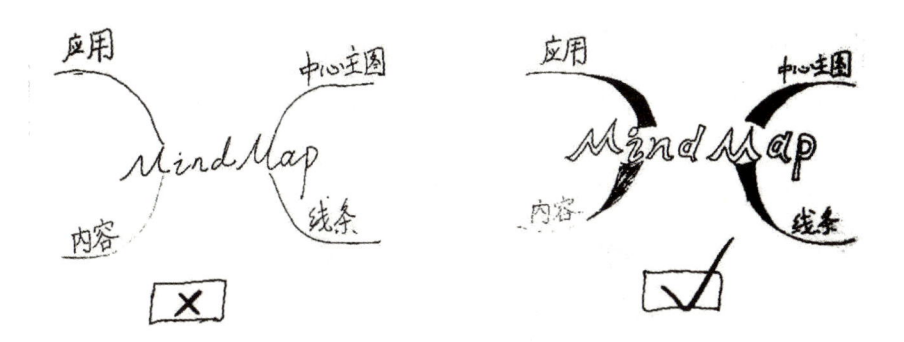

要求3：线条呈水平方向。

线条要呈水平方向，能够承载住文字。

要求4：线条的长度等于文字的长度。

尽量让线条的长度等于文字的长度，要不然既占空间又不美观。

要求5：一个分支一个颜色。

一个分支一个颜色，特别是相邻的分支不能用同一种颜色，否则特别容易让我们混乱，以为是同一个知识点。

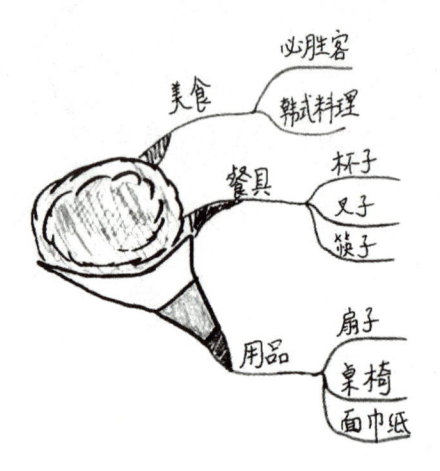

要求6：线条不能交叉，不能断开。

线条不要交叉，也不要断开，要有连贯性。

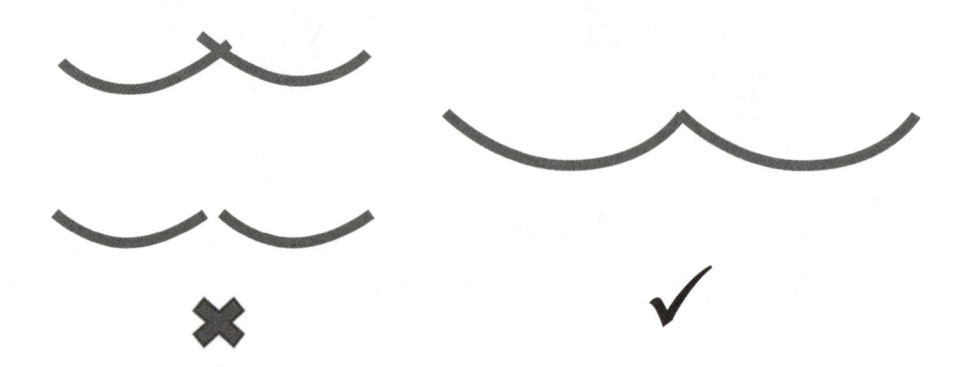

将这些知识点总结为思维导图，如下：

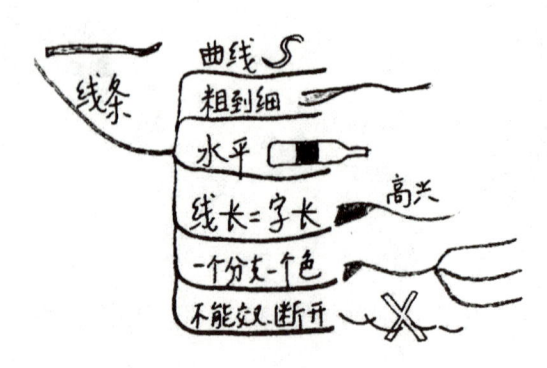

我们已经学会画简单的思维导图了，但只学习了画思维导图的框架，学习处理信息、把内容整理到一幅思维导图上才是最重要的。

好的，同学们，既然已经会画框架了，那我们开始学习如何去找关键词、如何去完善我们画的思维导图吧！

9.3 找关键词

这一节我们进入找关键词的学习。前一节我们学习了画简单的思维导图的框架，也已经知道如何去读懂简单的思维导图了，这一节中，我会着重讲如何去找关键词、如何在脑海里勾勒出思维导图的模样，以及如何以图会字、以字会图！

请大家阅读下面的材料，并边看边拿笔标记关键词，等下去对照找到的关键词对不对！

丝绸之路

自从张骞开辟通往西域的道路后，汉朝和西域的使者开始相互往来，东西方的经济文化交流日趋频繁。商人们载着汉朝的丝绸等货物，从长安穿过河西走廊，经西域运往中亚、西亚，再转运到更远的欧洲；又把西域的物产和奇珍异宝运到中原。这条沟通欧亚的陆上交通道路，就是著名的"丝绸之路"。

通过这条道路，汉朝的丝绸、漆器等物品，以及开渠、凿井、炼铁等技术传到西域；西域的良种马、香料、玻璃、宝石、核桃、葡萄、石榴、苜蓿等植物，以及多种乐器和歌舞等传入中国。丝绸之路是古代东西方往来的大动脉，对于中国同其他国家和地区的贸易与文化交流，起到了极大的促进作用。

看完了吗？你们也画好关键词了，对不对？那我们一起对照一下（**加粗字体**）：

自从**张骞**开辟通往**西域**的**道路**后，**汉朝**和**西域**的使者开始**相互往来**，东西方的经济文化**交流**日趋**频繁**。商人们载着**汉朝**的**丝绸**等货物，从**长安**穿过**河西走廊**，经西域运往**中亚**、**西亚**，再转运到更远的**欧洲**；又把**西域**的**物产**和奇珍异宝运到**中原**。这条**沟通欧亚**的陆上交通道路，就是著名的"**丝绸之路**"。

通过这条道路，**汉朝**的**丝绸**、**漆器**等物品，以及开渠、凿井、炼铁等**技术**传到**西域**；西域的**良种马**、**香料**、**玻璃**、**宝石**、**核桃**、**葡萄**、**石榴**、**苜蓿**等植物，以及多种**乐器**和**歌舞**等传入**中国**。丝绸之路是古代**东西方往来**的**大动脉**，对于中国同其他国家和地区的**贸易**与**文化**交流，起到了极大的**促进作用**。

我们再把关键词简化一下：

张骞开辟→西域道路

汉朝、西域→交流频繁

汉朝丝绸→长安→河西走廊→中西亚→欧洲

西域物产→中原→沟通欧亚→丝绸之路

汉朝丝绸、漆器、技术→西域

奇珍异宝→植物→乐器、歌舞→中国

东西方往来→大动脉→贸易、文化→促进作用

再把思维导图画出来，如下：

从这个思维导图里能不能读出"丝绸之路"这个主题所概括的所有内容？

中心主题是"丝绸之路"。主干分支分为两大方面的内容：一个是定义，另一个是作用。定义又分为背景和路径两个分支。从背景分支了

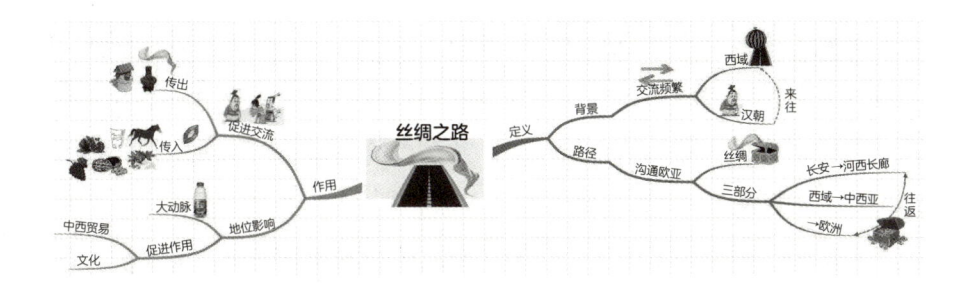

第九章
思维导图——最高效的学习工具

解到汉朝和西域文化交流频繁,从路径分支得知这条路径沟通欧亚,并且分为三部分……另一个主干作用也分为两方面,一方面是促进交流,另一方面是地位影响……现在你们脑子里有大致感觉和方向了吗?

可能你已经找到一些感觉了,但还不是那么清晰。没关系,我们再来看一个例子!请大家边看边拿笔做记录,等下对照我给出的关键词。

匆匆(节选)

朱自清

燕子去了,有再来的时候;杨柳枯了,有再青的时候;桃花谢了,有再开的时候。但是,聪明的,你告诉我,我们的日子为什么一去不复返呢?——是有人偷了它们罢,那是谁?又藏在何处呢?是它们自己逃走了罢——现在又到了哪里呢?

我不知道他们给了我多少日子,但我的手确乎是渐渐空虚了。在默默里算着,八千多个日子已经从我手中溜去,像针尖上一滴水滴在大海里,我的日子滴在时间的流里,没有声音,也没有影子。我不禁头涔涔而泪潸潸了。

去的尽管去了,来的尽管来着;去来的中间,又怎样地匆匆呢?早上我起来的时候,小屋里射进两三方斜斜的太阳。太阳它有脚啊,轻轻悄悄地挪移了,我也茫茫然跟着旋转。

看完了吗?你们也画好关键词了对不对?那一起对照一下我找的关键词(**加粗字体**):

燕子去了，有再来的时候；杨柳枯了，有再青的时候；桃花谢了，有再开的时候。但是，聪明的，你告诉我，我们的日子为什么一去不复返呢？——是有人偷了它们罢，那是谁？又藏在何处呢？是它们自己逃走了罢——现在又到了哪里呢？

我不知道他们给了我多少日子，但我的手确乎是渐渐空虚了。在默默里算着，八千多个日子已经从我手中溜去，像针尖上一滴水滴在大海里，我的日子滴在时间的流里，没有声音，也没有影子。我不禁头涔涔而泪潸潸了。

去的尽管去了，来的尽管来着；去来的中间，又怎样地匆匆呢？早上我起来的时候，小屋里射进两三方斜斜的太阳。太阳它有脚啊，轻轻悄悄地挪移了，我也茫茫然跟着旋转。

你们挑出来的关键词怎样？应该跟我的差不多吧？其实多一个、少一个影响不大的，因为思维导图关注的是整体，所以你们不用太担心。你们画完关键词，是不是脑子里已经有了这篇文章的架构？请大家仔细观察下面的思维导图，看下是否能以文会图、以图会文。想想自己的思路是否能够很好地归纳总结这些文段？

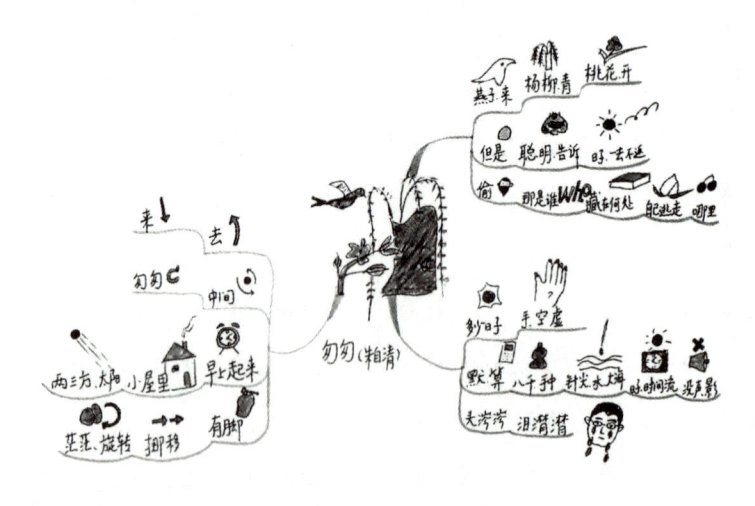

思维导图并不是简单的课程，它和我们前面学的记忆法是一样的，

需要训练、需要思考。所以我在此只能简单地介绍一下，让你们达到会画简单的思维导图的水平。如果在实践的过程中有问题的话，可以找托尼·博赞的书看看，能够帮助你们大幅度提升！

思维导图是一个强大的思维工具，无论是记忆语文、数学、英语，还是史地生政等内容，以及解决日常生活中遇到的问题，如路径规划、列购物清单、快速阅读、考证等，都可以运用思维导图。比如，看下面这张思维导图，它总结了包含"car"这个熟词的英语单词。画成思维导图的形式是不是比简单罗列更加一目了然呢？

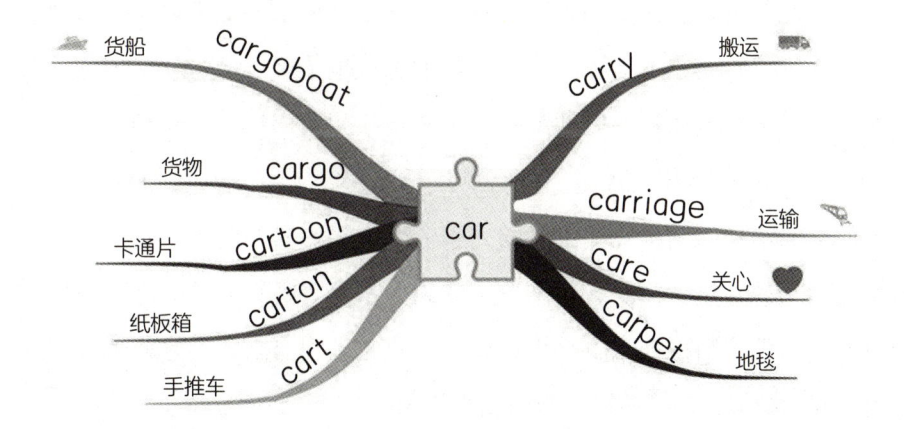

货船　cargoboat　　　carry　搬运
货物　cargo
　　　cartoon　car　carriage　运输
卡通片
纸板箱　carton　　　care　关心
　　　　　　　　　carpet
手推车　cart　　　　　　　地毯

从这个案例也可以看出，思维导图结合记忆法更是高效记忆的利器！接下来，我们来学习如何对知识进行归纳整理！

9.4 对内容归纳整理

实际上，归纳知识体系是复习中非常重要的环节。任何一个学科的课本容量都是比较大的。我们就是再有水平、记忆力再好，也未必能记住课本中的每一句话，即使记住，那也是比较累人的。

掌握知识是做对题目的前提条件，而课本上那么多知识点，没有一个很好的知识框架或理解框架去组织，是很难记住的。我们归纳整理知识体系的目的就是突出重点。

知识的提取，就是提取关键词。实际上，掌握构建有效清晰的知识体系和迅速找关键词的能力，有助于我们在遇到题目的时候迅速、有效地提取知识点，迅速地对题目做出判断。而如果没有知识体系，脑袋里就容易一团糨糊，答题时就很容易漏掉关键点或者关键步骤。

我们一定要自己归纳。因为只有自己归纳出来的知识体系才是自己的。别担心自己归纳能力不够，归纳的过程也是锻炼的过程。比如，我对三角函数相关知识的归纳就是三大板块：三角变换，三角图像、性质及平移，解三角形。非常简单明了。

不同水平的同学归纳出来的知识体系是不一样的。水平越高，归纳整理起来越轻松、简单，归纳出的知识体系越清晰、简洁。不要简单地以为归纳整理知识体系就是把重要的公式定理列出来，这是初学者的误解，我们归纳整理之前需要明白四个问题：

一是考什么。确定哪些是重要的考点、哪些是一般的考点、哪些是不考的。把这些考点涉及的公式定理列出来，没有理解的或者还没有记住的，趁着归纳整理的机会尽量搞明白，并用记忆法记住。

二是怎么考。这个考点常见的出题方式是什么？往年多出现在什么位置？难度如何？

三是怎么答。这个考点常用的答题方法有哪些？往往一个考点的解题方法不会多至一二十种，常见的也就三五种。

四是陷阱在哪儿。我容易在什么地方出错？总结归纳出来，然后着重在思维导图上标出来，再用记忆法编成顺口溜或者小故事记住。

会归纳整理、会找出重点，并能结合记忆法去记，你就是学习高手了。如果再留心一点，收集一下错题，把错题集变成顺口溜，用思维导图归纳整理出来，那考试就不在话下了。加油！

归纳整理的能力也是需要训练的，学了就要用，即使一开始可能会比较麻烦，但是当越用越习惯之后，你就会很自然地归纳、整理、记忆了，这会令你受益终身。

9.5 看看你画的思维导图合格了吗

前面说了那么多，方法也教了，如何找关键词也讲了，接下来就要进入实践阶段了。

由于篇幅的问题，我只能提供一些文段给你们去练练手。如果觉得自己练得还不错，就可以拿自己正在学习的书试试！记住，尽量将画图的时间控制在10分钟左右，可以加简单的图像！

请对下列文章进行归纳整理，并画出简单的思维导图：

蜜蜂

我是一只小蜜蜂。我们蜜蜂是过群体生活的。在一个蜂群中有三种蜂：一只蜂王、少数雄蜂和几千到几万只工蜂。我就是这千万工蜂之一。

我的母亲就是蜂王，它的身体最大，几乎丧失了飞行能力。这没有关系，它有千千万万个儿女，我们可以供养它，也算尽了孝道吧！在我的家族中，只有蜂王可以产卵，它一昼夜能为我们生下1.5万~2万个兄弟。蜂王的寿命是3~5年，在我们家族中它可以说是寿星了。

在蜂群中还有一种蜂叫雄蜂，它和我们大不相同，它"人高马大", 身体粗壮, 翅也长。它的责任就是和蜂王交尾。交尾之后, 它也就一命呜呼了。

要说家族中数量最多、职责最大的还是我们工蜂。我们是蜂群的主要成员, 工作也最繁重: 采集花粉、花蜜, 酿制我们的"口粮", 哺育我们的弟弟们, 饲喂我们的母亲, 修造我们的房子, 保护家园, 调节室内温度和湿度……别看这样, 我们的身体是非常弱小的, 我们的寿命也只有6个月, 就像天空的流星一样——一闪即逝, 仅有一点儿时间去闪耀自己的光辉。

画图时间: _____

请用思维导图归纳出这段历史的知识要点:

我国这一园林艺术的瑰宝、建筑艺术的精华, 就这样化成了一片灰烬。圆明园不但建筑宏伟, 还收藏着最珍贵的历史文物。上至先秦时代的青铜礼器, 下至唐、宋、元、明、清历代的名人书画和各种奇珍异宝, 所以, 它又是当时世界上最大的博物馆、艺术馆。1860年10月6日, 英法联军侵入北京, 闯进圆明园。他们把园里凡是能拿走的东西, 统统掠走; 拿不动的, 就用大车或牲口搬运; 实在运不走的, 就任意破坏、毁掉。为了销毁罪证, 10月18日和19日, 三千多名侵略者奉命在园里放火。大火连烧三天, 烟云笼罩了整个北京城。

第九章
思维导图——最高效的学习工具

画图时间：_____

请用思维导图归纳总结下列材料：

中华人民共和国成立的意义

中国人民经过一百多年的英勇斗争，终于推翻了帝国主义、封建主义和官僚资本主义的统治，取得新民主主义革命的胜利，中国人民从此站起来了，成了国家的主人。中国历史进入了一个新纪元。中华人民共和国的成立标志着中国从此走上了独立、民主、统一的道路，开始了向社会主义过渡的新时期。占世界人口近四分之一的大国，冲破了帝国主义的东方战线，壮大了世界和平、民主和社会主义的力量。

画图时间：_____

请用思维导图归纳总结"化学与社会相关常识"：

1. 三大化石燃料：煤（固）、石油（液）、天然气（气）。

159

2. 六大营养物质：糖类（主要供能物质，如米、面、蔗糖、葡萄糖等）、油脂、蛋白质（鱼、肉、蛋、奶、豆）、维生素（蔬菜、水果）、水、无机盐。

3. 缺乏某些元素导致的疾病：

缺钙：骨质疏松症（老年人）、佝偻病（儿童）；

缺铁：贫血；

缺碘：甲状腺肿大（大脖子病）。

4. 合金：生铁和钢都是铁的合金，区别是含碳量不同，钢含碳量低。

5. 铁生锈条件：铁同时与空气（主要是O_2）和水接触。防锈方法是：保持铁制品表面干燥和洁净，并在金属表面形成保护膜（涂油漆、涂油、镀其他金属等）。

6. 可燃物燃烧条件：是可燃物、与空气（或O_2）接触、温度达到可燃物着火点。

7. 灭火的方法：隔离可燃物，如建立隔离带、釜底抽薪；隔绝空气（或O_2），如用湿布、灯帽、土盖灭火焰，用CO_2灭火；降低温度至可燃物着火点以下，如用水灭火。

8. 环境污染名词：

酸雨：主要由SO_2、NO_2造成。酸雨危害是使河流、土壤酸化，建筑物、金属被腐蚀。

臭氧层空洞：由于臭氧被氟利昂等破坏而形成。

温室效应：空气中CO_2过多，引起全球气温上升。

白色污染：塑料不易被降解而造成的污染。

污染物主要指标是：总悬浮颗粒、SO_2、氮氧化物（如NO_2）。

第九章
思维导图——最高效的学习工具

画图时间：_____

我不禁要给坚持到现在的你们竖起大拇指了！到现在为止，我们已经练了好几篇了，感觉如何？你们知道如何画思维导图了吗？知道怎么去找关键词了吗？知道怎么结合记忆法去记忆了吗？

这些方法除了能解决我们生活中的问题，还能帮我们解决学习上的问题，让我们更上一层楼。在日常学习、生活当中，我们要随时使用，把画思维导图当成一种习惯……

好的，关于思维导图我们就先讲到这里了。请大家坚持进行21天打卡，每天画一幅，锻炼归纳总结的思维！加油，想要成为高手，就要悄悄努力。

第十章 巧记政史地、物化生等知识点

CHAPTER 10

10.1 简记政治知识点

很多同学觉得政治难背，其实只是没有掌握方法。往往一个政治知识框架中包含了很多的小知识点，很多小知识点又会有很多相似的知识点。记忆这类知识点，其实不一定要将每一句话都完整记下来，只要我们大脑里有这一知识点的框架和关键信息，再把辅助信息补齐就可以了。

平常记忆政治知识点的过程中，如果碰到一些简单信息，是可以直接简化记忆的。接下来，我们先体验一下直接简化记忆！

1. 社会主义核心价值观：

国家层面：富强、民主、文明、和谐。

社会层面：自由、平等、公正、法治。

个人层面：爱国、敬业、诚信、友善。

这个知识点的层次和关键词都很清晰，我们可以先通读、理解，再使用字头歌诀法来记忆。

三个层面的内容分别提取关键词并转化：

富、民、文、和——**扶民问何**；

由、平、公、法——**油瓶功法**；

爱、敬、诚、友——**爱京城友**。

将三个层面作为定位，联结记忆关键词。

定位：**国家—熊猫**

故事联结：熊猫扶起了一个农民，问他为何摔倒。

定位：社会——社徽

故事联结：有很多人戴着社徽用油瓶来练功法。

定位：个人——自己

故事联结：我（自己）热爱京城里那些友善的朋友。

复习一下，并尝试还原所记忆的内容：

_____

_____

2."三个代表"的重要内容：

中国共产党要始终代表中国先进**生产力**的发展要求，始终代表中国先进**文化**的前进方向，始终代表中国最广大人民的根本**利益**。

这个知识点中的关键词也很好找，我直接用黑体字标出来了。下面将它们转化成图像：

生产力——工人；

文化——书本；

利益——钱。

简记图像：中国共产党要给工人发书本和钱。

3.市场经济的一般特征：平等性、竞争性、法制性和开放性。

记忆处理：

市场经济——市场卖金鸡

一般特征——一班特警

开、平、法、竞——开瓶罚金

简记故事：市场贩卖金鸡，一班特警来抓，打开瓶子拿出罚金。

以上的例子都比较简单，用故事联结或者简记口诀就能够搞定。但这样的话，知识点毕竟还是有些分散，所以我们还是要把思维导图学好，然后用思维导图结合记忆法去更加高效地学习。

像初中政治中"基本经济制度"这一章,如果用思维导图整理出来就一目了然了,对不对?

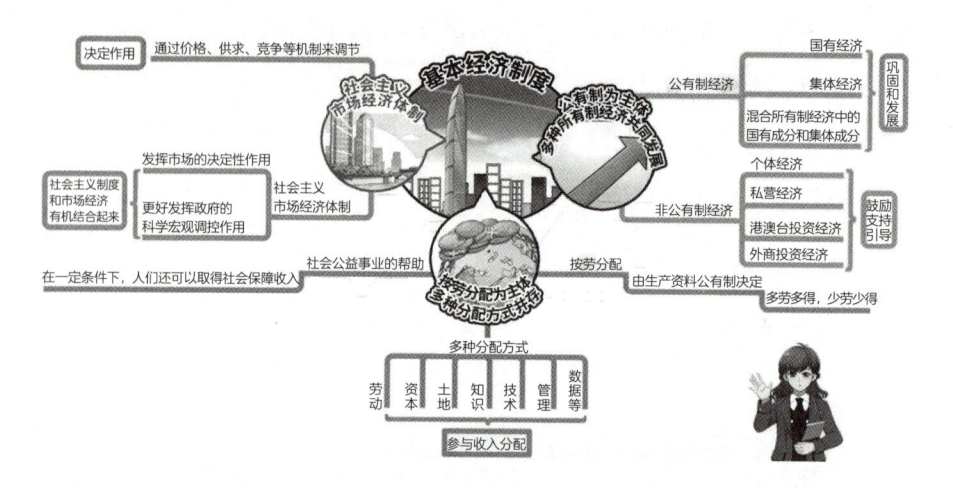

在捋出来这个框架后,再挑出关键词,用简记或者故事联想等方法让我们的大脑充满图像,学习自然而然就变得简单且轻松了。

10.2 简记历史知识点

我们学习历史时,经常记不住历史事件发生的时间、原因、后果等,又或者张冠李戴,把不同事件的内容错误地联系到一起。其实,只要善用思维导图和记忆法,就能条理清楚地记住大量的历史信息。

我们还是直接来看例子。

1. 歌诀记忆中国朝代:

尧舜禹、夏商周,春秋战国乱悠悠;

秦汉三国西东晋,南朝北朝是对头;

第十章
巧记政史地、物化生等知识点

隋唐五代又十国,宋元明清帝王休。

2. 八国联军:**俄**国、**德**国、**法**国、**美**国、**日**本、**奥**匈帝国、**意**大利、**英**国。

简记口诀:**饿的话,每日熬一鹰。**

3. 中英《南京条约》要求开放的五处通商口岸:**广**州、**厦**门、**福**州、**宁**波、**上**海。

简记口诀:**光下不能上。**

4. 中日《马关条约》的四项内容:允许日本在通商口岸开设工**厂**;赔偿日本军费白银**二亿**两;割**辽东半岛**、**台湾全岛及其附属岛屿**、**澎湖列岛**给日本;开放**沙市**、**重庆**、**苏州**、**杭州**为商埠。

简记口诀:**一厂、二亿、三岛、四城市。**

5. 《辛丑条约》内容:清政府赔**款**白银4.5亿两;要求清政府严**禁**人民反帝;允许外国驻**兵**于中国铁路沿线;划定北京东交民巷为"使**馆界**",允许各国驻兵保护。

简记口诀:**钱(款)、禁、兵、馆(前进宾馆)。**

如何简记历史事件的年份?

历史事件的年份其实就是数字和文字的结合,所以只需要解决这两方面的问题就可以了。数字可以使用编码记忆,文字的话可以找出关键词转化为图像,再将数字编码与关键词的图像联系起来。如此一来,记忆历史事件的年份就成为一件非常简单的事情,不仅记得快还记得牢。接下来我举一些例子给大家看看:

1. 秦始皇统一中国——公元前221年

故事联想:**秦始皇**用钱买了**两**条鳄鱼,这**两**条神奇的鳄鱼很快就把**中国统一**了。

2. 刘邦建立汉朝——公元前202年

故事联想:**刘邦**花钱买了**两个铃儿**,用力摇,摇出了一身汗,然后就**建立**了**汉朝**。

3. 刘秀建立东汉——公元25年

故事联想：**刘秀**拉着**二胡**，在舞台上秀了一把，**东汉**就归他了。

4. 隋朝建立——581年

故事联想：**水里有5只蚂蚁**。

5. 唐朝建立——618年

故事联想：**留一把糖给你**。

6. 赵匡胤建立宋朝——960年

故事联想：**赵匡胤建立宋朝**的时候，我买了**9筐榴梿**（60）送给他作为庆贺礼物。

7. 朱元璋建立明朝——1368年

故事联想：**朱元璋建立明朝**的时候，**医生（13）们给他吹喇叭（68）**。

8. 郑和下西洋——1405年

故事联想：**郑和下西洋**时带了很多**钥匙（14）**作为**礼物（05）**，送给各个国家。

9. 清军入关——1644年

故事联想：**清军入关**时杀了很多人，所以**一路**上都是**死尸（1644）**。

由于篇幅的原因，我就简单地给大家举这些例子。我们在学习历史的时候，不仅要学历史事件，还要记忆很多这个时间段发生的事情以及事情的后果。所以我们需要一个整体的框架，那就自然会用到我们前面所说的思维导图。先进行每一节课、每一章节，甚至一本书的整理，整理完了以后我们的大脑里就有了很清晰的结构，然后考虑如何用记忆方法辅助记忆这些关键知识点。

我们要记住，任何一项技能都是需要时间训练的，思维导图和记忆

第十章
巧记政史地、物化生等知识点

法也一样。在这本书中,我不断举例子,就是在帮助大家不断地训练。下面是一个用思维导图记历史知识的例子。

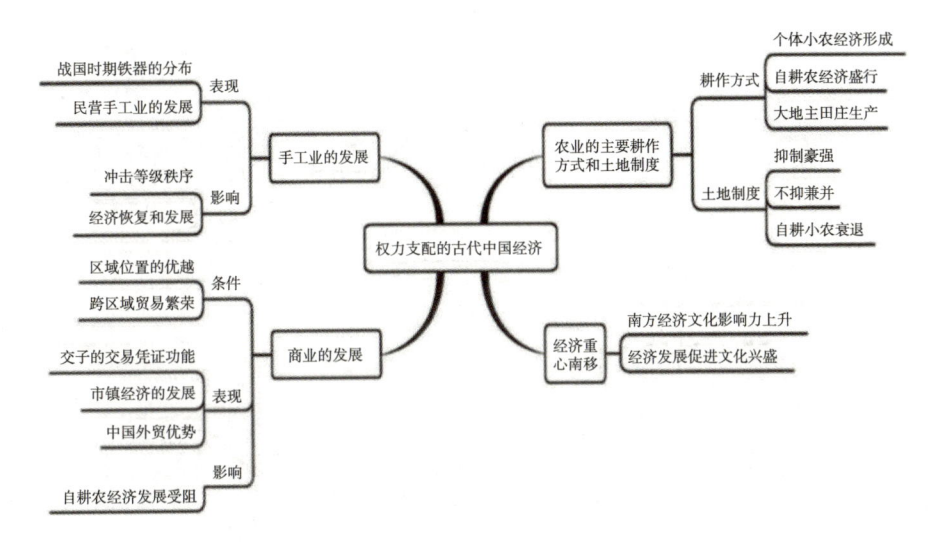

```
权力支配的古代中国经济
├── 手工业的发展
│   ├── 表现
│   │   ├── 战国时期铁器的分布
│   │   └── 民营手工业的发展
│   └── 影响
│       ├── 冲击等级秩序
│       └── 经济恢复和发展
├── 农业的主要耕作方式和土地制度
│   ├── 耕作方式
│   │   ├── 个体小农经济形成
│   │   ├── 自耕农经济盛行
│   │   └── 大地主田庄生产
│   └── 土地制度
│       ├── 抑制豪强
│       ├── 不抑兼并
│       └── 自耕小农衰退
├── 经济重心南移
│   ├── 南方经济文化影响力上升
│   └── 经济发展促进文化兴盛
└── 商业的发展
    ├── 条件
    │   ├── 区域位置的优越
    │   └── 跨区域贸易繁荣
    ├── 表现
    │   ├── 交子的交易凭证功能
    │   ├── 市镇经济的发展
    │   └── 中国外贸优势
    └── 影响
        └── 自耕农经济发展受阻
```

我们可以从思维导图中清晰明了地看到古代中国经济的四个部分。第一部分,农业的主要耕作方式(个体小农经济形成、自耕农经济盛行、大地主田庄生产)和土地制度(抑制豪强、不抑兼并、自耕小农衰退);第二部分,经济重心南移(南方经济文化影响力上升、经济发展促进文化兴盛);第三部分,商业的发展条件(区域位置的优越、跨区域贸易繁荣)、表现(交子的交易凭证功能、市镇经济的发展、中国外贸优势)、影响(自耕农经济发展受阻);第四部分,手工业的发展表现(战国时期铁器的分布、民营手工业的发展)和影响(冲击等级秩序、经济恢复和发展)。

绘制出思维导图之后,如果要记住,就要用到一些记忆方法了。相信你们能够迅速回想起我们前面讲的方法,然后直接应用。

学习了记忆法以及思维导图后,你还觉得记忆历史知识是一件很难的事情吗?下面这张思维导图留给你们,试试自己分析和记忆下来吧!

洋务运动思维导图：

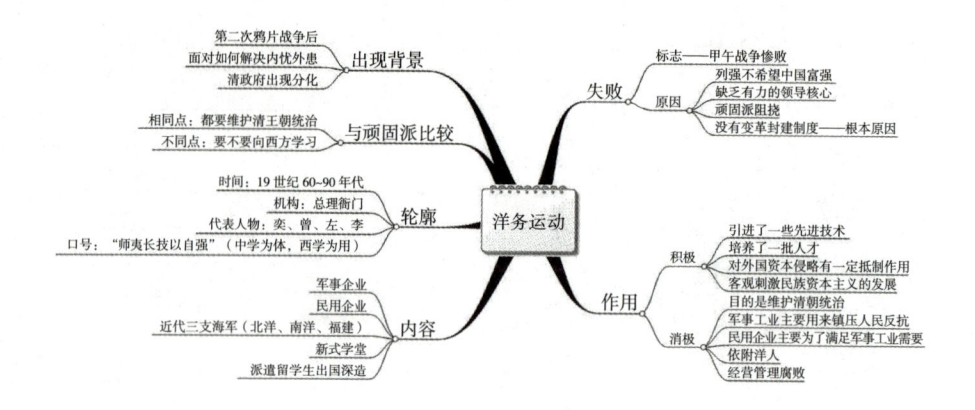

- 出现背景
  - 第二次鸦片战争后
  - 面对如何解决内忧外患
  - 清政府出现分化
- 与顽固派比较
  - 相同点：都要维护清王朝统治
  - 不同点：要不要向西方学习
- 轮廓
  - 时间：19世纪60-90年代
  - 机构：总理衙门
  - 代表人物：奕、曾、左、李
  - 口号："师夷长技以自强"（中学为体，西学为用）
- 内容
  - 军事企业
  - 民用企业
  - 近代三支海军（北洋、南洋、福建）
  - 新式学堂
  - 派遣留学生出国深造
- 失败
  - 标志——甲午战争惨败
  - 原因
    - 列强不希望中国富强
    - 缺乏有力的领导核心
    - 顽固派阻挠
    - 没有变革封建制度——根本原因
- 作用
  - 积极
    - 引进了一些先进技术
    - 培养了一批人才
    - 对外国资本侵略有一定抵制作用
    - 客观刺激民族资本主义的发展
  - 消极
    - 目的是维护清朝统治
    - 军事工业主要用来镇压人民反抗
    - 民用企业主要为了满足军事工业需要
    - 依附洋人
    - 经营管理腐败

10.3 简记地理知识点

地理知识的记忆跟其他知识是一样的，接下来我还是会举一些例子，请大家先看，再反思，然后总结。

记忆世界地理之最：

1. 最长的河流——尼罗河

提取关键词：最长，河流，尼罗—泥螺

联想：因为最长的河流要经过很多地方，所以肯定要带走很多的泥螺。

2. 最大的群岛——马来群岛

提取关键词：大，岛，马

联想：只有足够大的岛，才能容得下一群马。

3. 最小的洋——北冰洋

提取关键词：小，洋，北冰洋—baby（宝宝）羊

联想：最小的羊可以称为baby羊。

第十章
巧记政史地、物化生等知识点

4. 面积最大的平原：亚马孙平原

提取关键词：大，亚马—马压

联想：把马压平了就很大。

5. 海拔最高的大洲：南极洲

提取关键词：高，南极—难及

联想：难以企及就是最高。

6. 最长的山脉：安第斯山脉

提取关键词：长—肠，安第斯—俺滴肾

联想：肠绑在俺滴肾上。

7. 最高大的山脉：喜马拉雅山脉

提取关键词：高大，喜马—嘻马

联想：笑嘻嘻的马拉着山脉走，肯定是最高大的马才行。

8. 最大的湖泊：里海

提取关键词：最大，湖，里海

联想：水被陆地围着叫湖，水围着陆地叫海，里海就是在陆地里的海，意思就是这湖大得像海，所以是最大的湖。

9. 陆地表面最低点：死海

提取关键词：低，死海

联想：低到接近死亡的地方就是死海。

10. 最大的大裂谷：东非大裂谷

提取关键词：最大，东非—东飞

联想：向东飞，怎么飞都飞不出去，所以是最大的裂谷。

11. 最深的湖泊：贝加尔湖

提取关键词：深，湖泊，贝加尔—贝夹耳

联想：在很深的湖泊里有个贝壳夹住了你的耳朵，你怎么游都游不上去。

是不是很简单？现在知道如何记忆地理知识了吗？与记忆其他知识的原理相同，碰到内容比较少的，我们简化记忆就可以了，而碰到内容比较多的，肯定就需要梳理知识，制出思维导图，然后用记忆法记忆。

10.4 简记物理知识点

物理、化学、生物和数学都属于理科知识。有的人说记忆法并不能应用于理科，只能记文科知识。诚然，单纯死记硬背是学不好理科的。即使你背下了所有题目，如果不会举一反三地应用，也无法拿到高分。

但是，在已经理解了知识的情况下，你还是需要记住一些内容的。比如，各种参数、定理、公式。而此时就需要思维导图和记忆法的帮助了。

不信的话，我们一起来看看用思维导图整理物理知识点的例子。

压力与压强：

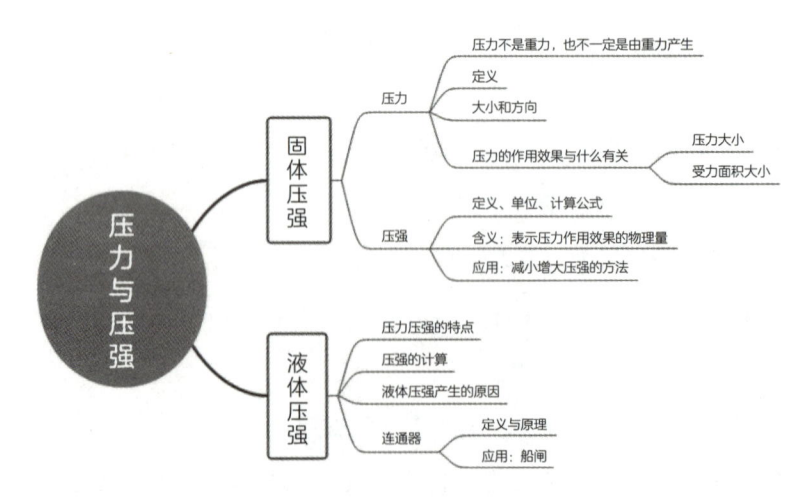

```
                            ┌─ 压力不是重力，也不一定是由重力产生
                       压力 ─┼─ 定义
                            └─ 大小和方向
                  固体压强 ─┤
                            │                            ┌─ 压力大小
                            ├─ 压力的作用效果与什么有关 ─┤
                            │                            └─ 受力面积大小
                            │      ┌─ 定义、单位、计算公式
压力与压强 ─┤            压强 ─┼─ 含义：表示压力作用效果的物理量
                            │      └─ 应用：减小增大压强的方法
                            │
                            ├─ 压力压强的特点
                            ├─ 压强的计算
                  液体压强 ─┼─ 液体压强产生的原因
                            │           ┌─ 定义与原理
                            └─ 连通器 ─┤
                                        └─ 应用：船闸
```

如果图中的某些知识点不好记，你可以直接在上面加上一些形象鲜明

的插图，这样我们对"压力与压强"这一章的知识就能掌握得很清晰了！

再看一个例子，电功率的知识点总结：

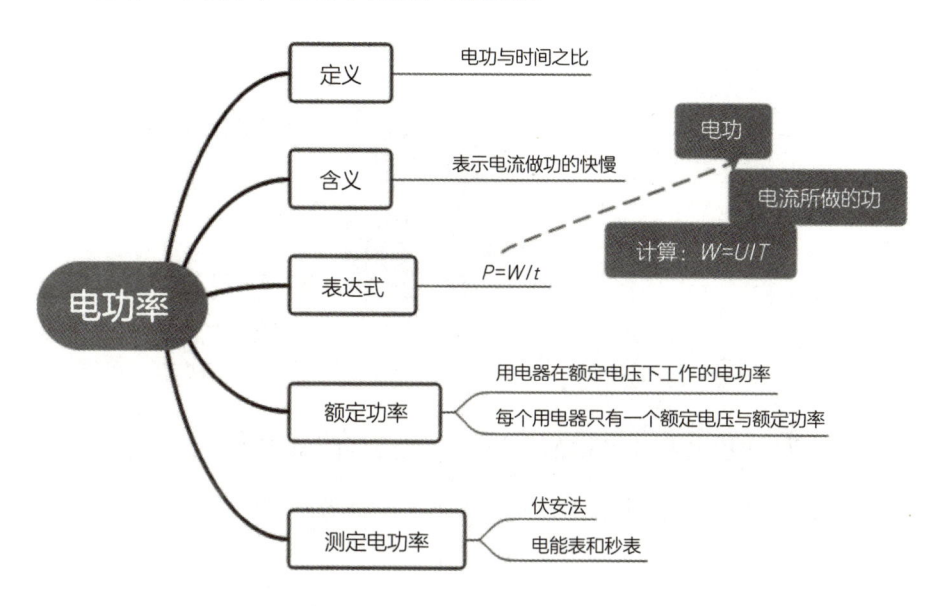

电功率
- 定义 —— 电功与时间之比
- 含义 —— 表示电流做功的快慢
- 表达式 —— $P=W/t$
  - 电功
  - 电流所做的功
  - 计算：$W=UIt$
- 额定功率
  - 用电器在额定电压下工作的电功率
  - 每个用电器只有一个额定电压与额定功率
- 测定电功率
  - 伏安法
  - 电能表和秒表

你看，这样归纳总结起来是不是特别清晰明了？请你尝试记忆一下。还可以自己试着总结物理其他方面的知识，画成思维导图。

再次强调，记忆法和思维导图就是练出来的，而且记忆法越练越灵活，越练思维越打开！

接下来我们看看如何记忆化学知识吧！

10.5 简记化学知识点

记忆化学知识跟记忆物理知识一样，都需要在理解的基础上去记忆，但是如果要达到高效记忆，当然也离不开思维导图和记忆法的辅助。我们直接来看一个例子：

物质构成的奥秘：

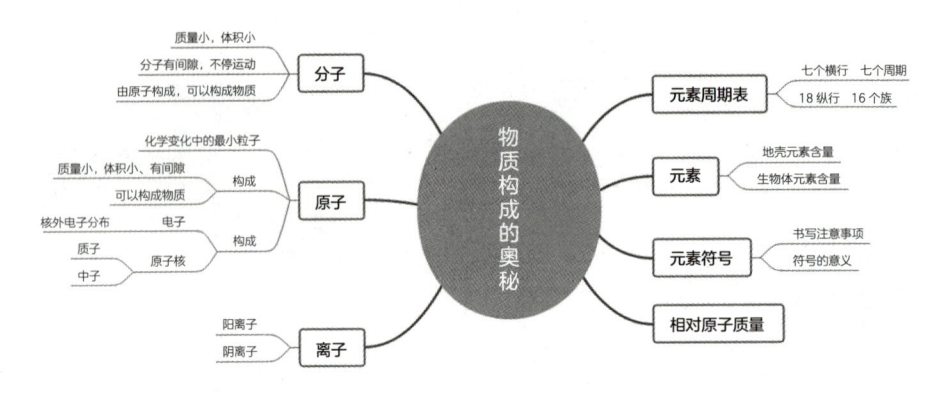

```
                    质量小，体积小
              分子有间隙，不停运动
              由原子构成，可以构成物质 —— 分子                    七个横行  七个周期
                                                    元素周期表
                    化学变化中的最小粒子                           18 纵行   16 个族
      质量小，体积小、有间隙
         可以构成物质       构成                        地壳元素含量
                          原子        物质构成的奥秘  元素
  核外电子分布  电子                                    生物体元素含量
                    构成
          质子                                        书写注意事项
              原子核                             元素符号
          中子                                         符号的意义

              阳离子
              阴离子        离子                 相对原子质量
```

书中的知识点是非常多的，但是用思维导图整理出来后，整个知识体系就很清晰明了，如果再结合记忆方法，那要记住这个知识点就变得非常简单了！

尝试记忆元素周期表：

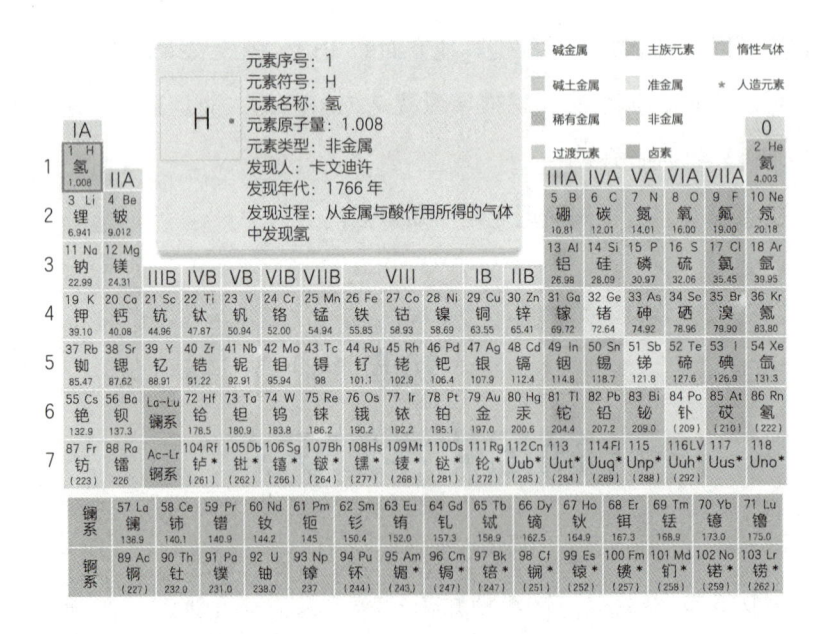

第一周期：氢、氦 → 青海

第二周期：锂、铍、硼、碳、氮、氧、氟、氖 → 鲤皮捧碳蛋，养福奶

第十章
巧记政史地、物化生等知识点

第三周期：钠、镁、铝、硅、磷、硫、氯、氩 → 那美女桂林留绿牙

第四周期：钾、钙、钪、钛、钒、铬、锰 → 嫁改康太反革命

　　　　　铁、钴、镍、铜、锌、镓、锗 → 铁姑捏痛新嫁者

　　　　　砷、硒、溴、氪 → 生气，休克

第五周期：铷、锶、钇、锆、铌 → 如此一告你

　　　　　钼、锝、钌 → 不得了

　　　　　铑、钯、银、镉、铟、锡、锑 → 老把银哥印西堤

　　　　　碲、碘、氙 → 地点仙

第六周期：铯、钡、镧、铪 → （彩）色贝（壳）蓝（色）河

　　　　　钽、钨、铼、锇 → 但（见）乌（鸦牵）来鹅

　　　　　铱、铂、金、汞、铊、铅 → 一白巾，供它牵

　　　　　铋、钋、砹、氡 → 必不爱冬（天）

第七周期：钫、镭、锕 → 防雷啊

故事联想：从前，青海有一个富裕人家，用鲤鱼皮捧碳，煮熟鸡蛋供养着有福气的奶妈。这家有个很美丽的女儿，叫桂林，不过她有两颗绿色的大门牙，后来只能嫁给了一个叫康太的反革命。刚嫁入门的那天，就被小姑子"铁姑"狠狠地捏了一把。新娘一生气，当时就休克了。这下不得了，娘家要上告了。铁姑的老爸和她的哥哥夜入县太爷府，把大印偷走一直往西跑，跑到一个仙人住的地方。这里风景优美：彩色贝壳、蓝蓝的河，一只乌鸦用一缕长长的白巾牵来一只鹅。因为它们不喜欢冬天，所以要去南方，一路上还相互提醒：南方多雨，要注意防雷啊！

没有学记忆方法的时候，想要背下前20种元素就很困难了。当我们学了记忆方法之后，记下整个元素周期表也变得很简单，一个故事就能够让我们都记住！相信通过学习这本书，你不会再觉得记忆法没有用了，你的学习效率也一定会提高，学习将变得不再困难。这也是我乐于看到的。

接下来，我们再看看生物知识吧！

10.6 简记生物知识点

生物跟物理、化学知识的记忆方法差不多。由于初中生物中大部分都是文字类的知识点，所以只需要利用记忆方法就能够解决大部分问题；但到高中的话，就需要思维导图辅助记忆了。

咱们直接开始看一些知识简记或者思维导图整理吧！

缺乏某种维生素会引起的病症：

维生素	维生素A	维生素B_1	维生素C	维生素D
缺乏症	夜盲症 干眼症 皮肤干燥	脚气病 神经炎 消化不良 食欲不振	坏血病 抵抗力下降	佝偻病 骨质疏松症

记忆编码：A—苹果（apple），B_1—男孩（boy），C—猫（cat），D—狗（dog）

故事联想：

维生素A：**夜**晚来临，我吃着**苹果眼**巴巴地看着**干燥的皮肤**敷面膜。

维生素B_1：**男孩**子得了**脚气病**，让他**神经**紧张，**吃不下饭**。

维生素C：**猫**最近得了**坏血病**，可能是由于**抵抗力下降**了。

维生素D：我**搂着狗**，感觉它的**骨头都酥**了，今晚准备给它熬大骨头吃。

我们还可以用口诀记忆法，即"顺口溜"来记忆知识。

1. 判断遗传病的显性或隐性关系：

无（病）**中生有**（病）**为隐性**（遗传病）；

有（病）**中生无**（病）**为显性**（遗传病）。

第十章
巧记政史地、物化生等知识点

2. 元素排名记忆：

大量元素——**他**（C）**请**（H）**杨**（O）**丹**（N）**留**（S）**人**（P）**盖**（Ca）**美**（Mg）**家**（K）。

3. 矿质元素（N、P、K）的作用：

蛋（N）**黄**（缺**氮**时叶子发**黄**）；

淋（P）**浴**（绿）（缺**磷**时叶子**暗绿**）；

甲（K）**肝**（秆）（缺**钾**时茎**秆**脆弱）。

物理、化学、生物中基本没有大篇幅的记忆点，所以只要我们理解之后用上一些记忆方法，就能轻松记下来。

但是林老师还是想提醒大家，一定要学会**使用思维导图**。思维导图结合记忆法能帮助我们快速提升。**思维导图画的不是图**，是思路！所以不要拘泥于形式。比如，下面的"草履虫结构示意图"也是一种思维导图。

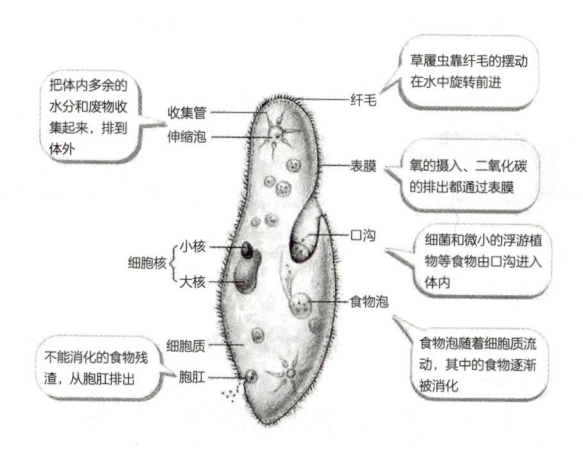

在整理出思维导图的基础上，运用我们的记忆方法，提取关键词，联想转化，我相信你们都能轻松记住知识。

好了，政史地、物化生的知识记忆讲到这里就差不多了。

只要你们好好研究这本书，并把书中练习做完，你们的记忆力一定会上升一个台阶的！最后，我们有一个结业测试，测测相比刚刚翻开这本书时，你的记忆力有没有一个质的提升吧！

10.7 结业测试

A 文字类

随机词语：

饭桌　训练　老师　箱子　解放军　铁丝　农民

青蛙　象棋　老奶奶　母鸡　黑板　生姜　大树

杜果　钢笔　电熨斗　剪刀　护士　男人　长城

科创　山楂果　地壳　民航工人　章法　网球场　签名

叉烧包　有轨电车　托福　西式点心　子午线　燕麦　手术室

弹钢琴　作用　温和　教练机　鲜果

记忆时间：_____　　　正确率：_____

（参考的记忆时间是5分钟，如果小于5分钟，那你确确实实训练得很不错，为你点赞！不过正确率尽量要达到100%哟！）

常识记忆：

正月菠菜才吐绿，二月栽下羊角葱；

三月韭菜长得旺，四月竹笋雨后生；

五月黄瓜大街卖，六月葫芦弯似弓；

七月茄子头朝下，八月辣椒个个红；

九月柿子红似火，十月萝卜上秤称；

冬月白菜家家有，腊月蒜苗正泛青。

记忆时间：_____　　　　正确率：_____

（参考记忆时间为7分钟，如果低于7分钟，那你真的太棒了！）

文言文：

琵琶行（节选）

[唐] 白居易

浔阳江头夜送客，枫叶荻花秋瑟瑟。主人下马客在船，举酒欲饮无管弦。醉不成欢惨将别，别时茫茫江浸月。忽闻水上琵琶声，主人忘归客不发。寻声暗问弹者谁，琵琶声停欲语迟。移船相近邀相见，添酒回灯重开宴。千呼万唤始出来，犹抱琵琶半遮面。转轴拨弦三两声，未成曲调先有情。弦弦掩抑声声思，似诉平生不得志。低眉信手续续弹，说尽心中无限事。轻拢慢捻抹复挑，初为《霓裳》后《六幺》。大弦嘈嘈如急雨，小弦切切如私语。嘈嘈切切错杂弹，大珠小珠落玉盘。间关莺语花底滑，幽咽泉流冰下难。冰泉冷涩弦凝绝，凝绝不通声暂歇。别有幽愁暗恨生，此时无声胜有声。银瓶乍破水浆迸，铁骑突出刀枪鸣。曲终收拨当心画，四弦一声如裂帛。东船西舫悄无言，唯见江心秋月白。

记忆时间：_____　　　　正确率：_____

（参考记忆时间2小时，如果能在2小时内记下来，那你真的很优秀哟！）

B 数字、数字结合文字类

随机数字：

5730162746678603263895940157273954061950

记忆时间：_____　　　　正确率：_____

（参考记忆时间5分钟，如果你的用时低于5分钟，那你完全可以找你的小伙伴去比赛了！）

C 字母类

随机字母：

py et ro et em rd sl sy su rd

mp rg nt sy ro ny op sc se te

答案：_____

_____

_____

记忆时间：_____   正确率：_____

（参考记忆时间5分钟）

单词记忆：

1. advance [ədˈvɑːns] vi. 前进，提高；n. 进展

2. baggage [ˈbæɡɪdʒ] n. 行李

3. bake [beɪk] vt. 烤，烧硬

4. balance [ˈbæləns] vt. 使平衡，称；n. 天平

5. canal [kəˈnæl] n. 运河，沟渠，管

6. cancel [ˈkænsl] vt. 取消，撤销，删去

7. cancer [ˈkænsə(r)] n. 癌，癌症，肿瘤

8. candidate [ˈkændɪdeɪt] n. 候选人，投考者

9. candle [ˈkændl] n. 蜡烛，烛形物，烛光

10. depth [depθ] n. 深度，深厚，深处

11. derive [dɪˈraɪv] vt. 取得；vi. 起源

12. descend [dɪˈsend] vi. 下来，下降，下倾

13. describe [dɪˈskraɪb] vt. 形容，描写，描绘

14. description [dɪˈskrɪpʃn] n. 描写，形容，种类

15. desert [ˈdezət] n. 沙漠；vt. 离弃，擅离

16. embarrass [ɪmˈbærəs] vt. 使窘迫，使为难

17. embrace [ɪmˈbreɪs] vt. 拥抱，包括，包围

18. emerge [ɪˈmɜːdʒ] vi. 出现，涌现，冒出

19. emergency [ɪˈmɜːdʒənsi] n. 紧急情况，突发事件

20. emit [ɪˈmɪt] vt. 散发，发射，发表

看看自己记住了多少：

1. 前进　_____　　11. 取得　_____

2. 行李　_____　　12. 下来　_____

3. 烤　　_____　　13. 形容　_____

4. 使平衡_____　　14. 描写　_____

5. 运河　_____　　15. 沙漠　_____

6. 取消　_____　　16. 使窘迫_____

7. 癌　　_____　　17. 拥抱　_____

8. 候选人_____　　18. 出现　_____

9. 蜡烛　_____　　19. 紧急情况_____

10. 深度　_____　　20. 散发　_____

记忆时间：_____　　　正确率：_____

（参考记忆时间30分钟，如果全部记下来且全对，你就可以分享记忆法给你的小伙伴们了！）

图形类：

腊肠犬 　　　　　　　巴哥犬 　　　　　　　西施犬

图像记忆
大脑喜欢你这样记

大白熊犬	 波利犬	 暹罗猫
 大象	 蛇颈龙	 黑猫警长
 狸花猫	 布偶猫	 缅因猫

遮住答案，看一下自己记住了多少个：

_____   _____   _____

第十章
巧记政史地、物化生等知识点

（参考记忆时间1分钟，能记住真的太棒了！）

经过测试，你就能知道自己在这本书里到底有没有学到知识，这些记忆方法到底有没有帮助到自己了。只是看完这本书，你们可能觉得练得并不是那么透彻。当然，技巧越用就越灵活，你越用想象力就越好，创造力也会越来越好！

我无数次地说过，记忆法是练出来的。它是一项技能，就像练车一样，如果你只看理论，只听教练说，而没有上车去开，那你永远不会开，但是如果你在掌握了理论的基础上，坚持刻意训练，那么你开车就会越来越顺畅！

记忆和思维也是一样的。所以这本书中不仅介绍了方法，还给出了实实在在的训练。只有理论结合实际，你们才能摸索到记忆和思维的精髓。注意，在运用记忆法时，我们的脑子里一定不是文字版的故事，而是一个个图像！

接下来，你们就可以拿起自己想要记的知识点进行训练了！加油，同学们！

POSTSCRIPT 后记

写到这里，我感到十分激动，因为历时大半年，这本书终于写好了。我是分为三个阶段去帮助读者掌握记忆法的：第一阶段以培养想象力为主，第二阶段以讲方法、原理为主，第三阶段以实践运用为主。

在每个阶段，我都加入了相关的素材让同学们进行训练。我还在书中加入了很多关于思维导图的内容，培养同学们归纳总结的能力。但由于书的篇幅问题，我并没有加入很多能够发散同学们思维的知识点。同学们想精进这一块的内容可以随时联系我！我的微信是：shao15820179762。

对于书中所述的记忆法和思维导图，我都从底层逻辑去分解它们并加入了大量的练习，让同学们在学习记忆法和思维导图的同时能够直接去实践运用。这本书涉及的范围比较广，有古诗文、现代文、政史地、物化生等知识点，也会涉及大学四六级的一些单词，既有方法讲解，也提供了实践机会。

我希望读者朋友们都能用心看、认真学习、刻意训练，这一定会对你有很大的帮助。我就是用记忆法和思维导图轻松通过大学的所有考试的。

记忆法和思维导图不仅让我成为一位世界记忆大师，也让我找到自信。如今，我坚持在教育一线，为祖国花朵的成长贡献自己微弱的力量。看到学生的记忆力越来越好，我更加坚定一定要把记忆教学做下去！希望我的读者朋友们也能掌握高效的学习方法！

最后，我想感谢一下这一路走来对我帮助特别大的老师和朋友们，特别是独角兽的全体老师们（吴俊老师、李剑老师、张积文老师、叶俊文老师、王涛老师、高汉彭老师、蒙轩老师、王纬治老师、温玉萍老师、毛文珊老师……），还有在比赛过程中碰到的小伙伴们（王辉老师、熊娅老师……），他们都给予了我很多帮助和指导……

感谢石伟华老师教我如何把一本书写出来，他给了我很多的监督和指导，也感谢一路走来，家长们、同学们的陪伴，让我在记忆教学的道路上越走越坚定，越来越明白高效的学习方法对所有人来说到底有多重要。

希望这本书能打通所有读者的"任督二脉"。祝愿大家都越来越优秀，身体健康，万事如意！

林少坤

2024 年 3 月 15 日